生活因阅读而精彩

生活因阅读而精彩

张滢／著

未曾失意的人，
不懂人生

中国华侨出版社

图书在版编目(CIP)数据

未曾失意的人,不懂人生 / 张滢著. —北京：
中国华侨出版社, 2013.9

ISBN 978-7-5113-4033-7

Ⅰ.①未… Ⅱ.①张… Ⅲ.①人生哲学–通俗
读物 Ⅳ.①B821-49

中国版本图书馆 CIP 数据核字(2013)第214483 号

未曾失意的人,不懂人生

著　　者 / 张　滢

责任编辑 / 文　喆

责任校对 / 李向荣

经　　销 / 新华书店

开　　本 / 787 毫米×1092 毫米　1/16　印张/19　字数/300 千字

印　　刷 / 北京建泰印刷有限公司

版　　次 / 2013 年 10 月第 1 版　2013 年 10 月第 1 次印刷

书　　号 / ISBN 978-7-5113-4033-7

定　　价 / 35.00 元

中国华侨出版社　北京市朝阳区静安里 26 号通成达大厦 3 层　邮编：100028

法律顾问：陈鹰律师事务所

编辑部：(010)64443056　　64443979

发行部：(010)64443051　　传真：(010)64439708

网址：www.oveaschin.com

E-mail：oveaschin@sina.com

前言

　　每个人都拥有丰富的感情与情绪，可以说感情占据了一个人生活的很大一部分，人时时刻刻都处在感情里。

　　我们会爱上一个人，那种感觉特别美好，让人想要长久拥有，那么如何能让这份美好持续到最后呢？其实爱也是需要经营的，有许多的学问。这需要我们通过学习来慢慢成长，懂得更好地爱人。除了追求爱情，很多人在有限的时间里还想得到更多的金钱、权力，等等。但是，也要有清醒的认识，人生并不是想要什么就能得到什么，你会经历失去，会体会错过，会品尝失意。失望是一个必经的过程。但是当我们的思想被失望占据时，应该找到应对的方法，让自己变得坚强，努力面对任何事情。做到这些之后，就会更加珍惜自己拥有的。有失败就会有成功，人人都渴望成功，希望享受成功带来的喜悦、荣誉与种种附加价值。但是在前往成功的路上，并不是那么一帆风顺，我们依旧会遇到前面提到的那些挫折、迷茫，困难与险境，跌倒了并不可怕，关键是看你能不能重新站起来。与此同时，还应该拥有一颗宽容的心，那样就能减少许多的烦恼。心态豁达了，就能得到更多的欢喜。

人是群居动物，总是想要有人陪伴才会觉得不寂寞不孤单，但是人其实本质都是独立的，需要独自去面对很多。在人生道路上，我们在遭遇这些问题时，要找到应对的方法。那么如何才能看清自己，并且找到自己的目标呢？首先应该了解，在我们前进的路上，那些挫折困苦都是必然的，那么拥有良好的品格就非常必要了。其次，在面对各式各样的问题时，心态其实很重要，好的心态能够帮助我们更好地解决问题，凡事给人留有余地，遇到机会也可以送给别人，做一个豁达宽容的人。再有就是，我们在追求很多东西的过程中，往往会忽略了生活中的美好，其实，获得成功需要不畏失败，需要不断前行，而成功之后更需要我们去调节自己的心态，要懂得欣赏生活中的美，懂得如何使自己快乐。最后要明白，成见、敌意、嫉妒等都是造成人们无法好好相处的原因。同时人们对自身的认识不够充足，也会产生很多副作用。想要走得更快更好，就要懂得让自己休息一下，还要有朋友陪伴。

　　大家都明白，谦逊是能使人受益终生的美德，懂得谦逊的人同时也是懂得积蓄力量的人。这样的人总是能够给人留下好印象，而这样的印象恰好能够使一个人在生活与工作中不断积累经验与能力，最后获得成功。所以，即使你名声再大，成就再显著，身份地位再高，也不能目中无人，还是应该谨言慎行，尽量低调。要知道，盲目的骄傲自负，与种种不切实际的固执己见，都注定会以失败告终，这是世间的必然现象。

　　未曾失意的人，不懂人生。经历了人生起起落落的人，才更懂得人生的美好。祝愿所有人都能拥有美好的人生！

目录
CONTENTS

未曾失恋的人，不懂爱情 ｜ 第一辑

感情占据了一个人生活的很大一部分，可以说人时时刻刻都处在感情里。爱一个人是很美好的，那么如何能让这份美好持续到最后呢？爱也是需要经营的，有许多的学问。懂得了我们下面所说的，会对你的感情生活有很大帮助。

未曾错过的人，不懂珍惜 ｜ 第二辑

人这一生，来去匆匆，在有限的时间里总是想得到更多，想要金钱、权力，等等。但是，人生并不是想要什么就能得到什么，你会失去，会错过，会失意。那么，我们就应该学会面对这些，学会自我排解。懂得了这些之后，就会更加珍惜自己现在所拥有的。

第三辑 │ 未曾失望的人，不懂理想

　　我们每个人，在一生中总会遇到各种各样的失败与挫折。失望是一个必经的过程，但是当我们的思想被失望占据时，应该怎么样应对呢？如何让自己在失败时仍充满正能量呢？这一辑，将会给你解答。

第四辑 │ 未曾失言的人，不懂谨慎

　　我们每个人都是独立的个体，有自己的脾气秉性，有的人性格急躁，遇事容易着急，有的人心态豁达，凡事容易看开放下。其实，种种人生都是经历，懂得忍耐的人其实才会拥有更加广阔的天空。

未曾跌倒的人，不懂坚强 | **第五辑**

　　我们人人都渴望成功，希望享受成功带来的喜悦、荣誉与种种附加值。但是在前往成功的路上，并不是那么一帆风顺，我们会遇到各种各样的挫折、迷茫、困难与险境，但是跌倒了并不可怕，关键是看我们能不能重新站起来。

未曾寂寞的人，不懂繁华 | **第六辑**

　　人是群居动物，总是想要有人陪伴才会觉得不寂寞不孤单，但人其实实质都是独立的个体，需要独自去面对很多东西，比如成功，比如失败。在人生道路上，我们该如何对待所遭遇的这些问题呢？

第七辑 | 未曾失落的人，不懂自己

我们如何才能看清自己，并且找到自己的目标，这是需要我们好好思考的事情。在我们前进的路上，挫折困苦都是必然的，那么拥有良好的品格与人生态度就非常必要了。

第八辑 | 未曾狭隘的人，不懂宽容

我们在面对各式各样的问题时，心态其实很重要，好的心态能够帮助我们更好地解决问题，凡事给人留有余地，遇到机会也可以送给别人，做一个豁达宽容的人。

未曾苦涩的人，不懂回甘 ｜ 第九辑

人活着总是想要追求很多东西，在这一过程中，往往会忽略了生活中的美好，其实，获得成功需要不畏失败，需要不断前行，而成功之后更需要我们去调节自己的心态，要懂得欣赏生活中的美，懂得如何使自己快乐。

未曾委屈的人，不懂担当 ｜ 第十辑

成见、敌意、嫉妒等都是造成人们无法好好相处的原因。同时人们对自身的认识不够充足，也会产生很多副作用。想要走得更快更好，就要懂得让自己休息一下，还要有朋友陪伴。

第十一辑 │ 未曾无助的人，不懂自立

人生在世，难免经历大起大落，不论面对什么，都要让自己拥有正能量，用正面的心态去面对所有事情，让自己充满勇气。同时，学会为自己减负，只有脚步轻快，才能走得更远。

第十二辑 │ 未曾起伏的人，不懂命运

有句歌词说得很好："人生难免起起落落。"确实，没有谁的一生是风平浪静的，真的那样人生也会失去很多乐趣。如何在飞速发展的当今社会寻找到内心的安宁，是值得我们每个人去思考的。

第一辑

未曾失恋的人，不懂爱情

感情占据了一个人生活的很大一部分，可以说人时时刻刻都处在感情里。爱一个人是很美好的，那么如何能让这份美好持续到最后呢？爱也是需要经营的，有许多的学问。懂得了我们下面所说的，会对你的感情生活有很大帮助。

在爱情中学会为自己保留

许多人都向往美好的爱情，可是爱情说来就来说走就走。如果把人生都压在爱情上，就像你想拥有彩虹，美是很美，但太缥缈。

并不是所有恋爱都能收获美满结局，我们不能对恋爱抱有过多幻想，那样不仅得不到幸福，而且还会迷失自己。尤其是女人，更要学会保留，防止在爱情中输得太惨。

有一对年轻恋人，他俩是大学同学，因为家庭背景的悬殊，他们在一起可以说是困难重重。在一起同居几年以后，他们准备跨进婚姻的殿堂，可就在这时，男孩子爱上了另一个姑娘。这个男孩很矛盾，他心里明白自己必须负责，而且也没法狠心将依然全心爱他的恋人抛下。但是他也清楚，自己已经过了最爱她的时候。女孩陷入了深深的痛苦中，面对曾经深爱自己现在却爱别人的爱人，她不知道是该嫁还是该离开。事情的结局是，当男孩试图劝女孩离开的时候，女孩吞食了大把的安眠药。

还有一对中年恋人，他们都曾经有过自己的家，说不上特别好但是还可以过得去。男人先走出自己的婚姻，女人有些放不下自己的儿子，同时她的丈夫也不愿放手，就这样僵持了一段时间。就是因为这样，女人对那个男人充满了愧疚，并最终导致她决定抛夫弃子，搬进了男人的小屋。可是，当那个经常说爱自己的男人终于拿到新房钥匙时，却不想把钥匙给她。这个女人一直住在那个小屋里，男人一直躲避她，不知道是不是已经有了新的喜欢的人；而她过去的那个家也有了新的女主人，现在的她没有地方可以"进"，也没有地方可以"退"，彻底成了一个多余的人。不甘心的女人用了所有办法，依然不能挽回男人的心，这一次，她丧失了全部的理智，冲去找到男人并用菜刀砍伤了他。最终，这个女人为了自认为的爱情付出了沉重的代价。

通过这两个例子，我们无意指责男人的善变和无情，只是想说明感情本身就是脆弱和复杂的。很多时候，我们可以把握的只能是自己。

没人能保证自己跟爱人会永远幸福快乐，那些痛苦甚至绝望的体验我们总是无法拒绝，幸福跟痛苦原本就是人生中的双胞胎，重要的是我们怎样理智地对待。你可以选择去伤害对方，选择伤害自己；你也可以选择平静，选择理性，选择让自己放弃。我们要对自己负责，对自己美好的生命负责。当爱已经远离，当真实让你无法承受时，你会特别难过，会很痛苦，这种痛苦可能会击倒你，同时也可能逐渐沉淀为生命的阶梯，当你再次站起来，就能够重新站到人生的高处。

有一首情歌的歌词特别好，提醒女人"要为自己保留几分"，不要把自己的人生都压在另一个人身上。彼此相爱当然好，但它不应该是构成你生命的全部。将一切都放在爱情上的女人，注定会被其所伤，并承受痛苦。

为爱改变自己，好过苛求对方

恋爱中的人，常常都是有强迫症的，喜欢让对方来迎合自己，顺从自己，以此来成全自己那微小的征服欲。有人愿意为你而改变，是他足够珍惜你的表现，但是不能强求对方完全迎合你，换位思考一下，你为什么就不能为对方考虑一下，自己牺牲一点呢？

爱情非常神圣，又让人觉得特别美好。每个陷入爱情里的人都既甜蜜又痛苦，所谓"痛并快乐着"。当你真的把一个人捧在手里特别在乎的时候，你是不会看到他的缺点的，因为你可以完全包容他，甚至把他的缺点也看成优点。当你很自私地想要对方为你改变时，有没有想过这个要求非常过分呢？或者你把它同等地放在自己身上，看看你自己能不能做到。

你可以为爱改变自己，而不能是苛求对方为你改变。古语说得好，"己所不欲勿施于人"，连自己都不想去做的改变又凭什么去要求对方做到呢？两个人之间应有适当的空间，这样彼此都可以自由呼吸，彼此要求得越紧，各自得到的空间就越少，氧气也就越稀薄，最后只会两个人都累了。

黑夜来临后，三只蜥蜴凑在一起，探讨生存的艰难和环境的险恶，它们住的地方有很多大型动物，被它们发现，就会有生命危险，已经有很多同伴成了别人的食物。

究竟用什么办法才能保护自己？三只蜥蜴各抒己见。

第一只蜥蜴说："我决定挖一个深入地底的洞穴，躲在里边。"

第二只蜥蜴说："我决定去更辽阔的草原居住，那里的危险更少。"

第三只蜥蜴说："我认为你们的方法行不通，住在洞穴里虽然安全，但出去觅食的时候仍然会被抓住。草原里会有新的危险，到时候还是手忙脚乱。我决定练习根据周围环境改变皮肤的颜色，这样敌人看不见我，我就能保证自己的安全。"

三只蜥蜴一致通过第三只蜥蜴的提议，经过努力，它们成了一种奇特的动物，将周围环境当做自己的掩体保护自己，靠着这层保护色，它们生活的自由自在。

蜥蜴们能够根据周围的环境变化自己表皮的颜色，在恶劣的生存环境中躲避天敌，保全自己。人们何尝不是如此？不管社会环境、工作环境，还是生活环境，当出现不如意时，费心的苛求，不如改变自己，只有改变自己，你才能收获平，收获满足。

其实，在爱情中也是一样的，不要总是奢求对方为你改变，要学会尊重对方，试着调整自己，通过自己的改变去维系你们的感情。只有一起努力，两个人的感情才能更长久。

我们要认清自己的缺点，并尽量去改正。不能要求事事都很完美，是你的就好好珍惜，不是你的就别去奢求。作茧自缚只能让自己很痛苦，而你总是要求对方那个人也会觉得很累。别到了失去的时候才想要反省，有了缺点及时改正，才能使你的爱情更稳固。

别总是抓着别人的缺点不放，他美好的一面你怎么不时时记在心里呢？爱一个人就要多看他的优点，同时去包容他的缺点。恋爱应该是快乐的，轻松的。将优点放大，将缺点缩小，别让原本美好的感情变成彼此间的负累。

所有人都有自己的闪光点，那是需要你用心去发现的。不要对爱人吝啬自己的赞美，去告诉他你多爱他，跟他说他有多好，你有多么开心能跟他在一起。学会赞美你的爱人，没有人会讨厌被人夸赞。

每个人都有自己的性格缺陷，即使再美好的人也是一样。所以我们不能去苛求别人是完美的，也不要埋怨自己不够好。纵使玫瑰有刺，可它也还是玫瑰。

好聚好散，不再互相伤害

思念与被思念都是一种幸福。只要相遇，就是一种缘分，分手其实是另一种缘分。曾经相濡以沫的爱人，为什么会在离婚以后变成仇人呢？过去同甘共苦的两个人，即使分开了，也不要就此成为陌路人，何不放下怨恨，大家都将往事一笑而过。

生活中大多数人都认为结婚是幸福的，离婚是痛苦的。但是，既然两个人已经不能在一起，觉得很辛苦，那么离婚也是一种解脱。

缘分已经用尽，就重新开始自己的生活。但是不管怎么样，毕竟是曾经深爱过的人，所以即使分开了，不再是夫妻，还是可以成为朋友，不必把生活中的那些怨恨放在心里变成负累。

有这样一对夫妻，在一起生活了十二年，有一个可爱的女儿，生活得美满幸福。一天，好运降临，妻子接到一个消息，说她有一个在海外定居的姨妈，资产过千万，想要她去继承财产。变成有钱人的妻子开始看不起清贫的丈夫，想要离婚。丈夫无论如何都想不到自己的妻子是这样的人。丈夫想到他们的女儿，不想离婚。但是妻子已经利欲熏心，觉得有了钱就有了一切，全然忘记了当初自己家庭没落时丈夫给予的温情；忘了自己生重病时丈夫的悉心照料。丈夫不肯跟她离婚，她就用一个女人所能用到的最绝情的手段来对待他，晚上睡觉时一脚把丈夫踢到床下，白天不到吃饭的时间一定不回家。为了跟丈夫离婚，她简直变了一个人一样，竟然在周末把情人带回家来刺激丈夫，还发脾气打女儿。

可是丈夫就是不跟她离婚，他容忍了妻子所做的一切，就是想让妻子能够回心转意，良心发现，继续跟他一起维持他们的家庭。可是，事情发展得越来越严重，他们经常大打出手。为了离婚，妻子已经到了疯狂的地步。她把丈夫几年来辛苦研发的科研成果付之一炬；用绳子将熟睡的丈夫绑在床上，狠心用烧红的熨斗烫他的脸。

丈夫终于无法忍耐，最终同意离婚。可是愤恨难平的丈夫没有轻易饶过妻子，用烟头在妻子脸上烧了几个再也不可能去掉的疤，还将妻子麻醉，用针蘸着墨水在妻子大腿根部刺上了"好男人别要她，一个不幸的男人书"。

他们终于分开了。丈夫身心俱疲，伤痕累累，而妻子也是遍体鳞伤。妻子去了异国，搽着高级香水，穿着高档服装，但是脸上的疤却叫看见的男人耻笑，大腿上的那句话也使男人望而生畏。

这个故事让我们联想起一个问题：掀翻爱的帆船的风浪是从何而来的呢？更深刻地了解到这一点可能会有效地防止这类爱情悲剧的发生。

由爱生恨，不管有多少理由，心怀愤恨总归是不值得的。留在心里的侮辱会变成永远无法平复的创伤。我们将自己锁在苦恼的深渊里，永远无法自拔。怨恨得不到消解，就会像毒素一样影响、腐蚀我们的生命。

所以，既然已经离婚了，就好聚好散，都不要再互相伤害。

下面让我们再来看另一个故事。

有一对夫妻感情已经走到尽头，两个人都不想继续生活在一起。"那么大家和平分开吧。"丈夫主动让妻子先来选择家庭财产，而妻子也为丈夫以后的生活考虑，平均分配了两人的共有财产，带走了女儿，因为妻子觉得女孩子跟着妈妈生活会比较好。两个人很快达成共识，签订了离婚协议。到了办理离婚手续时，丈夫又主动多给了妻子六千块钱。他对曾经的妻子说："你以后要带孩子，花费肯定多，以后不管发生什么事，都不要忘记告诉我。"虽然他们分开了，但是丈夫总是去给母女俩干重活。即使离婚了，他们也还是朋友，还会彼此珍惜。

不管恋人还是朋友，要保持距离

日常生活中，我们总会强调适可而止，其中一个很重要的原因就是人与人之间应该保持距离，而且应该是一种天然的距离。如果这种距离被破坏了，人一定会受到伤害。

人与人之间存在着必然的差异性，交往的次数越频繁，这种差异性就愈加明显。形影不离的好友也应该在这种差异面前学会适可而止，不然必然会导致伤害的产生，甚至感情的破裂。

小雷与吴瑞住在同一个宿舍里，俩人非常要好。因为是住在一起才成为朋友的，所以他们戏称宿舍是他们的家，一切东西都没有"标签"，就连两个人的工资都放在一起。两个人都很享受这样的状态，其他人看到他们也很羡慕。

这样的日子没过多久，吴瑞交了女朋友，开始频繁出去逛街吃饭，于是他们的合作经济出现了危机。刚开始吴瑞觉得没什么，小雷也无所谓，时间久了吴瑞觉得不好意思，便提出 AA 制，小雷考虑了很久同意了。可是后来还是因为习惯了之前的方式，又放弃了 AA 制。

世间事总是很巧，一天小雷母亲生病了，小雷赶紧回宿舍取钱，可是发现放钱的抽屉空空如也。疑惑的小雷问吴瑞："钱呢？工资才发了三天而已。"吴瑞回答说："我给女朋友买了条项链。"小雷什么都没说，默默走了。他在其他人那里借了钱去给母亲看病。因为这件事，两个人的友谊出现了裂痕。一天，他俩提起这件事，谁也不让谁，大吵一架，最后不得不分开住。

我们与朋友相处时，不能太过密切，因为首先它会影响双方的工作、学习和家庭，其次会影响感情的持久性。与友相交重点在交心，来往有节，要保持一定距离。

与男女朋友来往过密，不留一点距离的另一个表现是：长时间占用朋友时间，将对方绑得紧紧的，使对方心里很累。

林颖把王怡看成比什么都重要的朋友，两个人在一个合资公司做公关工作，公司制度非常严格，员工之间交谈的机会很少。但是她们总能找到空闲的时间在一起聊一聊。

林颖又是特别黏人的一个女孩子，每天下班回到家，没有王怡的陪伴，林颖就开始黏自己的男朋友，她什么都不干就开始给男朋友打电话，总是聊到不吃饭不睡觉，她们的父母都不喜欢她们这样。

到了周末，林颖会找出各式各样的理由把王怡或者男朋友叫出来，要他们陪着自己买菜、逛街、去公园。王怡有时候虽然不是很情愿，林颖都有自己的男朋友了，干嘛还老是黏着自己，不过，想到她们是好朋友，便也勉强同意了，林颖每次都玩得特别开心，不到天黑不回家。

王怡是个很有上进心的姑娘，她很想在事业上有所成就，就悄悄利用休息时间学习电脑。有一天周末，王怡刚刚收拾好要出门，林颖的电话就打来了，原来林颖想让让她陪自己去裁缝那里做衣服，王怡跟她解释了很久，林颖才同意王怡去上课。当王怡赶到培训班时已经迟到了一刻钟，她心里开始很不舒服。林颖又打电话给自己的男友，让男友陪着自己去。不巧的是，男友也有自己的事情要忙，便向林颖做了解释。但是林颖死活不依，在电话里大吵大闹。

就这样，在林颖的任性和黏人的折磨下，林颖的男朋友受不了，提出和林颖分手。林颖又哭又闹地找到了王怡，向王怡诉说，还要让王怡时刻陪着自己。王怡对她说："今天真的不行，我要去上课。"可是林颖听不进去，因为怕王怡偷偷跑走竟然第二天一大早就赶到王怡家软磨硬泡，于是王怡没能去上课。再也受不了的王怡很严肃地对林颖说，以后每个星期的星期天都要去学习，不再参加林颖的各种活动。

林颖却没当回事，在她的概念里她失恋了，好朋友就应该一直在一起好好安慰她。但是，王怡作为朋友，也有自己的事情要做。两人之间的关系也渐渐疏远了。

我们不难发现，林颖的错误在于，她没有站在对方的立场，不知道对方的想法跟感觉，这种密切的交往几乎占用了王怡全部的时间，使她失去自由，时间长了自然会心情烦躁。

跟朋友、恋人的相处是这样，跟一般人交往时就更应如此。一定要保持一定的距离，做到有礼有节，学会适可而止，不去过多干涉对方。

夫妻感情需要精神财富而非金钱

一段婚姻幸福与否，并不是看是否拥有显赫的地位与特别多的财富，而是看夫妻两个人是否相互崇敬。对于婚姻来说，财富只能算是附加值，而不是构成爱情的主要因素。

莱斯利娶了一位年轻貌美、富有才华的上流社会千金。虽然妻子是上流社会家的千金小姐，家里却并不富有，而莱斯利却是家财万贯。婚后的莱斯利满心期待能与自己的妻子尽情分享一切人间高雅的欢乐。他说："她会过上神话般的生活。"

但是厄运突然降临。婚后不久，莱斯利将大部分财产都用在投机生意上，在遭遇一连串的投资失败后，他发现自己像被洗劫一般变得身无分文。很长一段时间他都没有告诉妻子家里发生了变故。莱斯利整个人都变得形容枯槁，每天都处于一种持续的煎熬之中。前面这些对他而言都可以忍受，最难熬的是必须在妻子面前强颜欢笑，因为他不忍心让她跟着一起难受，不忍心让她失望。不过，妻子非常聪敏，而且很爱莱斯利，所以她察觉到了丈夫的异样。她能感受到他神态的变化，能听到他压抑的叹息。她并没有被丈夫勉强装出来的快乐所蒙骗。妻子更加悉心照顾莱斯利，尽自己最大的努力想要丈夫重新快乐起来。但这一切让莱斯利更加难过，他越爱她就越不忍让她跟着一起受苦。

这天，莱斯利把挚友欧文找来。他非常绝望地对欧文和盘托出自己全部的遭遇。听完他的话，欧文问他："你的妻子知道发生的一切吗？"

没想到这样一句平常的问话让莱斯利痛哭流涕。莱斯利哭号着说："不要提她了吧。一想到她，我觉得自己都要疯了。"

"但是，你怎么能不告诉她呢？"欧文说道，"早晚有一天她会知道的，你不可能永远瞒着她。"

"亲爱的朋友，请你想一想，告诉她，她的丈夫变成了一个穷光蛋，这将会是多大的打击啊！难道要我告诉她，从此以后要摒弃生活中一切高雅豪华的东西，拒绝宴会等活动，拒绝社会上的一切欢乐，以后要跟我一起面对困顿！"

"但是你不能什么都不告诉她啊。她有权利知道实情，你们要一起对现在的境况采取适当的措施。"

好友的态度跟诚恳的言辞打动了莱斯利，于是欧文趁热打铁，在谈话结束前劝说莱斯利回家跟妻子倾诉。

第二天一早，莱斯利鼓足勇敢将一切告诉了妻子。

"怎么样，她发牢骚，生气难过了吗？"

莱斯利答道："不，她看上去惬意得很，而且情绪好极了。说实话，我觉得她现在好像是我认识以来情绪最高涨的时候。我的妻子对我来说就是爱，就是温存和无限的宽慰。"

"她真是一个令人钦佩的姑娘！"欧文跟着感叹道，"你觉得自己是个穷光蛋，亲爱的朋友，可是我觉得你从没像现在这样富有过，你的妻子身上拥有无尽的财富，那就是特别宝贵的美德。"

"可是，我有些担心。今天是她真正感觉到变化的第一天。她已经被带去一个寒酸的住处，生平第一次做家务，第一次住在没有任何摆设的家里，没人为她服务。或许这个时候，她已经变得疲惫不堪，独自坐在一个角落为以后贫困的生活发愁呢。"

欧文想跟莱斯利一起回家看看。他们从大路拐进一条弯曲的小道，朝新住处走去。当他们刚走进农舍时，便听到音乐声，莱斯利激动地抓住了欧文的胳膊。他们停下脚步静静倾听，那是妻子的歌声！妻子在婉转地吟唱，歌声非常动人，那是莱斯利特别喜爱的小调。

欧文感到莱斯利在颤抖。为了听得更清楚，他往前走了几步，脚下的沙砾发出了声响。这时一张妩媚俏丽的脸庞出现在窗口，旋即门口传来轻盈的脚步声，那是妻子来迎接他们了。

她对莱斯利喊道："我亲爱的宝贝！你可算是回来了，我一直都在盼着你回家呢。房后有一棵美丽的树，我在树下摆了一张桌子，还摘了好些草莓，真是鲜美极了，宝贝你不是最爱吃草莓么，还有，我们的奶酪特别鲜美。我真喜欢这里，一切都那么美那么宁静。"妻子说话的同时挽住他的手臂，喜气洋洋地盯着他的脸。

莱斯利彻底被妻子征服了。后来，他对好友说，从前他的境遇虽然很好，生活也确实美满，但却从来没有过像现在这样幸福的时刻。

在日常生活中，我们经常可以看到女性身处逆境时所表现出来的坚强、勇敢和乐观。那些能将男子汉摧毁的灾难，却能唤起柔弱女性异乎寻常的力量，使女性变得无畏与崇高，使她们成为自己丈夫的安慰者和支持者，用不屈服的勇气去抵抗逆境的冲击。正是这种力量，成为家庭走出困境的保障，也是维持夫妻关系幸福美满的巨大财富。

懂得爱情，两人才能白头偕老

在一对老人 70 周年婚庆上，主持人问两位老人，是什么让他们一起走过了 70 年的风风雨雨。两位老人在纸上写了相同的一个字"忍"。

婚姻长久的秘诀之一是容忍。在婚姻里，两个人都必须付出忍耐，有时候还需要学会睁一只眼闭一只眼，包容对方的缺点。同时要学习倾听，凡事不能刨根问底，要时时原谅对方的过失。

容忍只是维持长久婚姻的一个方面。除此之外还应该怎样做才能有利于婚姻牢固并且长久呢？

1. 婚姻始终放在首位

孩子多的夫妇大多都没有时间独处，可是结婚已经 30 年的兰和卫却从没忘记他们不只是孩子的父母，还是彼此重要的伴侣。兰说："当我们的孩子还是婴儿的时候，我们每天交谈的时间都不少于十分钟。如果不找时间交流的话，彼此会很容易养成不需要对方的习惯。"

2. 要学会包容对方

婚姻需要两个人彼此包容。真心相爱的两个人需要更多的包容。在相爱的过程中，在日常生活的琐碎中，包容可以说是最高的境界。

《圣经》中有一段描述爱的话特别好："爱是恒久的忍耐，爱是不嫉妒，不自夸，不张狂。不做自惭之事，不谋一己之私。不轻易发怒，不计他人之恶。远不义，近真理。凡事信任，凡事企盼，凡事忍耐。"

包容会使感情变得纯净，让平淡的婚姻经历过世间种种后逐渐变得坚固。包容是一种很高明的爱的艺术，当你学会了包容就更容易得到幸福。

如果你真的爱一个人，爱你跟他共同的家，想要跟他一生一世，就要记住：爱是包容，爱一个人就要试着包容他的一切。

3. 彼此尊重

《圣经》上有这么一句话："要想别人怎样对你，你就应当怎样去对待别人。"想要使婚姻稳固，最需要学习的一点是互相尊重，只有懂得尊重对方，对方才会尊重你。不仅是尊重，更重要的是懂得爱屋及乌，尊重对方的家人。如果你看不起对方的家人，甚至站在他们的对立面，这是非常不明智的。

4. 彼此欣赏

夫妻之间的相处之道，可以归结为两点，一是努力让对方欣赏自己，二是努力欣赏对方。爱情真正的魅力在于两个相爱的人彼此欣赏。

欣赏是朵娇艳的花，爱情则是丰硕的果实。对自己的爱人，不要吝啬赞美，不要羞于表达自己的爱。在适当的时候对自己的爱人说"我爱你"，效果总是特别震撼。欣赏是一种承认与鼓励，它会使人产生强烈的满足感。欣赏是两个人共同的心理需求，也是夫妻和谐相处的秘诀之一。

5. 将感情储蓄起来

每个人的内心深处都有一个银行用来储蓄情感。如果你经常往自己的情感银行中储蓄真爱和默契，提取的幸福和快乐就越多，与此同时还可以提取微笑、温柔、鼓励和安慰等利息。或许有时候会因为自私或者不够体贴造成支出，你也不至于因此而透支。假如你户头的存款特别少，那么每次冲突之后都会造成很严重的伤痕。而当信任和欣赏的"准备金"被你搞成负数还一再透支的话，感情或婚姻就会濒临决裂。人生是非常复杂的，我们难免有失控的时候，会不小心伤害了自己的爱人。避免情感银行透支最有效的一个办法是：在日常生活中多存款，多对爱人说赞美欣赏的话，多做关心体贴的事情。

6. 拥有自己的独立人格

纪伯伦在《论婚姻》中这样说道："在合一之中，要有间隙。"琴弦虽然都是在统一的音调中颤动，但它任何一根弦都是单独的，这样才能演奏出优美的乐曲。婚姻中虽然两个人组合成了家庭，但是它是自由与民主的。不要偏执地认为"你只能是我一个人的"，这样会使家庭变成将对方囚禁的"监狱"，而在"监狱"中的人十个有九个想逃跑，只是看他胆量问题。法国有一首古老的歌曲："爱是自由之子，从不是统治之后。"如果我们希望自己的爱情"增值"，首先要保证它得到了足够多的呵护。两个人在一起不是失去自我，也不要总想让对方改变，而是要各自把自己调整到一个适中的范围，既要彼此相守，也要有空间独处。在婚姻里，两个人都有各自的自由空间，幸福会更长久。

7. 学会付出

大多数人理解的爱都是"被爱"，而不是"去爱"，想的都只是怎样让自己变得可爱，而不是去学会如何爱对方，如何了解对方的精神需要。真正的爱，是倾注自己的一切去给予，而不是去索取。好的爱应该是以自己的生命力去激发对方的生命力。给予比接受更令人感到快乐，因为在这一过程中我们体会到了自我生命的存在。爱应该特别纯粹，毫无杂质。爱是彼此分担而不是过分迷恋，它意味着关心、责任与充分的尊重。

世界上少有天然完美的婚姻和理想的爱人，而持久的婚姻也都没有固定的模式。一个家庭是否幸福，就要看两个人是不是都在有意识地培养感情，不断加强夫妻间的亲密度。

面对爱恋中的朋友，要善于倾听

假如你的好友感情出现问题，找你倒苦水，你是不是会跟着好友一起谴责那个人呢？生活中大部分人都会这样做，可是你也会发现，在好友面前多说几句，好友反而不乐意了，会怪你侮辱了他喜欢的人。当你特别上心，替好友不值，希望他能好起来时，人家两个早已经和好了。那么这个时候的你就夹在中间左右不是了。上面我们说的情况，在生活中经常会出现，我们每个人都会遇到。要明白，很多烦恼都是别人的问题，我们却在无形之中加在了自己身上。

那些让你烦闷的事，很多都不是自己的，是别人的问题加在了自己身上。

南希与汤尼是一对办公室恋人。

他们偶尔会在办公室里发生争执，闹的动静很大。大多数同事都会选择视而不见，或者当做他俩在开玩笑。可是同事小琳是个非常热心的人，总是扮演他们的和事老。

小琳总是这边安慰着南希，那边还要劝导汤尼不要对南希发脾气。就这么两边劝来劝去，常常搞得自己工作都完成不了，心情也变得不好。小琳这么努力地让南希跟汤尼和好，他俩一定会特别感激她吧？俩人和好后是不是都会请她吃饭呢？事实却是，很多时候他们和好后不但不感激小琳，而且都说小琳在他们之间添乱，一定是别有用心。

小琳就是因为没有领悟到不要让别人的问题困扰自己这一道理，才会有这么个结果。

老话说得好："做到流汗，被人嫌到流口水。"就是在说小琳。从始至终，这一切都跟她没关系，可到了最后最烦恼的人反而是她，同时她也是最无辜的。

人是感性的，经常会因为自己看到听到一些事而不小心陷入其中。仔细想来，很多时候都是自己给自己增添烦恼。快乐与否，都是自己一个人的事，不应该受到他人行为的影响。人生，不要去自寻烦恼。

所以不要让别人的问题成为困扰你的原因。静心思考一下，在你的人生中，是不是很多时候都是因为别人的一些问题让你烦心，让你生气，或者耗费你许多时间？这是一个心态问题，很多人面对情感问题时都会不由自主地把自己的情绪投射在看到的事情上，影响到自己的情绪。所以，从现在开始，试着将自己的心态调整好，就可以避免许多负面情绪。这样一来，你会发现人生中的许多烦恼都是可以抛开的。重要的是，让自己的心态回归纯粹，你就能分辨出困扰你的事情是和自己紧密联系的，还是只是给自己徒增烦恼。

学着放下情感伤害，走向未来

可以说，"放下"是人生最难的功课之一。放下有很多种：将自我放下，将自尊放下，将怨念放下，将顽固放下，将不甘放下，将嫉妒放下，将仇恨放下，将贪婪放下，将可以放下的一切放下。我们只有放下，才能空出空间去提起。只有放下才能使心态归零，才能开始新的生活。如果总是不愿放下；又怎么享受轻松，怎样拥抱提起的美妙？

有个非常有名的佛家小故事，说的就是"放下"。

一天，一对师兄弟奉师父命令下山化缘，下山途中经过一条小河，河边有个姑娘因为害怕而不敢过河。大师兄看到以后，马上过去抱起姑娘走过小河，然后将姑娘轻轻放下。这件事在师弟看来太不可思议了，他想不明白师兄怎么能做出这样的事情。

他快跑几步追上师兄问道："师兄，我们的师父不是经常告诫我们出家人不能近女色吗？"

师兄听完后，面不改色地点了点头。

师弟又问："可是你刚刚把那个姑娘抱起来了，这样做多不好啊，让师父知道了一定会非常生气的。"

师兄依旧非常淡定地赶路。

师弟又一次问师兄这个问题时，师兄淡淡地说道："我都早已放下了，可你却依然抱着。"

师弟一听，立刻顿悟了。

人生中，只有真正放下时，才能感觉到轻松舒畅。不管身边的人反应如何，我们自己的内心才是最为重要的。好比故事里的师弟还执着于之前发生的事情，而从师兄豁达的心胸足以看出他早已经将那件事放下了。

只有学会放下，才能拥有辽阔的以后。很多人都是因为放不下，才让心结变成人生中的绊脚石，变成了前进的阻力。可能你会觉得"放下"很不容易，只不过是空口说白话而已。其实简单与否全在你自己。如果你能够想清楚想明白，放下是特别简单的。与之相反，如果你将自己禁锢起来，那么放下便会难如登天。

在感情中，受到伤害的一方，永远都是放不下的那一个。

与贾斯相恋多年的女友跟他提出分手，原因是有了第三者。说起来很可笑，他的女友认识对方仅仅只有一个星期就移情别恋了，从此再也不想接贾斯电话，视他为毒蛇猛兽。贾斯再也无心好好工作，因为他想不明白为什么两千多个美好日子会抵不过短短的一个星期。不论贾斯怎样挽回，对方都毫无反应，只对他说："对不起，我对你的感情已经放下了，只是亲人的感觉。"可以看到，感情中受伤的一方永远都是放不下的那个。已经放下的那个人，自然已经毫无牵挂。

从那以后，贾斯再也没有心情工作，整天都在抱怨与懊悔中度过，他没有办法相信两个相爱的人会这样分开从此形同陌路。也正是如此，他在工作中不断犯错。他的上司特别生气，对他下了最后通牒：再不好好工作就辞退。可是他依然还是老样子，每天下班后都在想他哪里出错了，自己有什么问题。日积月累，身体变差了，连人缘都不好了，工作能力也受到很大质疑。

直到一天，他的上司对他说："如果你真的无心工作，那么很抱歉，从下星期一开始，你就不用来上班了。"频频遭受打击的贾斯特别失望无助，打电话给朋友，又开始抱怨起来。

朋友对他说："即使你再怎么伤心，都不可能挽回一个变心的人。变心的人就好比已经泼出去的水，是无法再收回来的。就算你折磨自己，搞得特别惨，那个人也不会回来了，更不会心疼你。"

"可是，我们的过去……"贾斯声音沙哑，还想辩驳。

"已经过去的事，就放下吧。你现在该做的，就是努力过得比她更好，让她觉得离开你是个错误，让她后悔。"朋友说。

"我到底该怎么办呢？"

朋友安慰道："首先，也是最重要的一点，就是你要先学会放下。将这段感情彻底放下，不再自怨自艾，不再不甘心，否则你新的人生是不会开始的。"

"这会很难吧？不过，我想我已经懂了你的意思，我会试试看。"也许是再也不想这样继续下去了，也许是被上司逼急了，贾斯开始振奋精神，迎接新生活。

这段情感经历很奇妙。当贾斯从心里将前女友放下以后，不仅工作特别顺利，又发生了其他意想不到的好事情。原本郁郁寡欢的他又开始恢复从前开朗的性格，从而发现了自己身边一直有一个默默关心他的姑娘。当贾斯真的能够把那段过去放下，他就看见了很真实的人生。此后的贾斯又变得意气风发，新的恋情也比之前的甜蜜幸福。

就在这个时候，他的前女友突然回来想与贾斯和好。假如时间倒退几个月，贾斯可能会高兴疯了，立马答应她。可是，时光交错，现在能够放下的人是贾斯了，他只是把前女友当朋友，感情已经不再是曾经的爱，当然不会复合。

贾斯非常感谢朋友那时候给他提的建议，不过事实上如果他听不进去，朋友说得再多也是没有用的。换句话说，只有当事人自己想要放下，才能真正使心态归零。毕竟，人不能每天都活在悔恨中，那样只能带来伤感。记住，不要让自己陷入"如果"的旋涡。

很多人在遇到失败挫折的时候，都会不断地悔恨："如果当初我那样的话……""如果我不去做那样的事……"可是，如果仅仅只能是如果。要是整天都在这样的旋涡里挣扎，这些负面情绪对于人生只有负面影响，但是不少人都深陷其中无法自拔。因为他们无法放下，也不愿意放下。"放下"确实很难，但是却是我们必须去学习的一项课程。"放下"是人生最难的功课之一。在我们的人生中，有许许多多的时刻需要放下，因为只有放下才能开启崭新的生活。放下不是让你抛弃或遗忘过去，而是要你放下那些不必要的负面情绪，面向新未来。只有真的放下了，心里才会轻松，人生才能有新开始。

要记住，"放下"不代表抛弃或遗忘，放下是为了更好地开始。

第二辑

未曾错过的人，不懂珍惜

　　人这一生，来去匆匆，在有限的时间里总是想得到更多，想要金钱、权力，等等。但是，人生并不是想要什么就能得到什么，你会失去，会错过，会失意。那么，我们就应该学会面对这些，学会自我排解。懂得了这些之后，就会更加珍惜自己现在所拥有的。

在得意的时候，好好把握

一个人得意的时候，正是人生潜能得以充分发挥的最佳时期。在这个时候，不管是这个人的精力、体力还是才智都会达到一个高峰，是精力最旺盛、思维最敏锐、办事效率最高的一个时期。因此，将它好好运用，就能使事业更加顺利，起到事半功倍的作用。在得意的时候，不管是生活中还是事业上都更容易取得更大的突破。因此，我们就要在得意的时候牢牢把握住机遇，顺得意之势，为得益之事。

当你的事业一帆风顺时，应保持警醒，不能麻痹大意，那并不能代表永远成功，以后也会一直顺利。我们任何一个人都不可能永远顺风顺水，就像不会永远倒霉一样，当我们处在顺境时，也要做到居安思危，那么最好的一个办法就是抓住每一个机遇，借助顺利的气势，使之后更好。

松下幸之助是日本著名企业家，他曾说："现在经营者，必须有先见之明；不断创造新的经营方式，来领先时代。"这句话告诉我们，人不能做机遇的奴隶，而要做机遇的主人。

笼统地概括一下机会，它是个人奋斗精神与社会环境条件的一种契合，是一种对自身目标奋力追求和时代、环境等外部条件碰撞后的火花。机遇能带给迷茫的人希望，为成功的人提供更广阔的天地。能将机遇牢牢抓在手里的人，好比一个抓住战机不放的将领，只有把握战机才能让人生战功彪炳。

阿基米德发现浮力定律是因为在泡澡时由水溢出澡盆而受到启示。在发现这条定律之前，他苦苦思考了三天，做了特别多的准备。国际电脑伙伴公司总经理王嘉廉正是在20世纪70年代初期就预料到了电脑软件市场具有特别大的潜力，才能让自己公司的个人电脑销售量居世界领先水平，每年营业额超过10亿美元。飞利浦公司生产的电咖啡壶受到消费者的广泛青睐，打败了"松下""日立""东芝"等知名电器公司。飞利浦生产的电咖啡壶之所以能获得成功，是因为它比其他生产商更早地对日本人的生活习惯进行了深入的调查了解，并意识到自己生产的商品所蕴含的巨大商机。

如果说遇到机遇是一种幸运的话，那么抓住机遇便是一种能力。凡事都要进行充分的准备，眼光精准，这样才能将机遇抓住，并且能牢牢把握，最终取得成功。

有一个经典的抓住机遇的故事——牛仔裤的发明。

牛仔裤自1853年问世以来，之所以能一百多年里经久不衰，这跟它的创始人列维·施特劳斯及其后人善于跟随潮流、随机应变还有及时改造产品质量是分不开的。

施特劳斯在20岁的时候被当时的淘金热吸引，去了美国西部，随着别人一起加入了淘金者的行列。到了那边，他发现特别多的淘金者迫切地需要日常生活用品，于是施特劳斯放弃了淘金，开了一家日用品小商店。

一天，施特劳斯带着一些商品和帆布乘船到外地去卖，那些帆布是给淘金者搭帐篷用的。因为商品特别紧俏，所以在船上就卖光了，最后只剩帆布没有卖出去。等船到了码头，施特劳斯向一位淘金者推销自己的帆布，他说："你想要买帆布搭帐篷吗？"那位淘金者看了一下说："我们并不需要帐篷。但是我看你的帆布用来做裤子挺好的。我们现在穿的这种棉布裤子质量太差了，用不了几天就会磨破。"

听了淘金者的话，施特劳斯看到了商机，那就是用手头的帆布做成裤子拿来卖。他立马跟这位淘金者一起去找了个裁缝店用帆布做了条裤子。裤子做好后，淘金者跟他的伙伴都很满意。于是施特劳斯专门用帆布定做了一批裤子，大受欢迎，很快就卖光了。

施特劳斯根本就没有想到裤子会这么受欢迎，此后帆布裤子的订单源源不断，越来越多。后来，因为帆布供货困难，施特劳斯就改用一种靛蓝色的斜纹粗布作为裤料，而这种裤子就是最初的牛仔裤。

施特劳斯于 1853 年在旧金山成立了牛仔裤公司，开设自己的工厂大批量生产牛仔裤。随着名气的增长，施特劳斯的事业如日中天，但他并不满足，依然一直在提高产品的品质。到了 1873 年，施特劳斯根据缝纫师傅的设想，用金属加固臀部裤袋的缝口，之所以这样做是因为矿工们抱怨裤袋用线缝不结实。牛仔裤上的金属扣是用铜跟锌的合成材料做的，其他比较重要的部分他们还用皮革镶了边，就这样，牛仔裤与众不同的特有样式就形成了。

虽然已经得到了巨大的成功，但是施特劳斯依然没有停止对完美的追求。很多买过牛仔裤的人都反映说裤子确实很耐穿，但是太硬了，穿着不舒适。施特劳斯根据大家反映的情况，增加了"石磨水洗"的工序，经过此道工序牛仔裤就变得柔软舒适了。

事情到这里还没有结束，因为喜欢创新的人不会就此停步。1979 年，他们又派人多处寻找各种身形的人进行"合身实验"，通过实验做到了一种颜色的裤子分别有 45 种型号，这样一来各种身形的人都能买到合身的牛仔裤了。一直到今天，牛仔裤还是最受人们喜欢的服装之一。

机遇对任何一个人来说都是特别公平的，只能说有些人在机遇到来时并没有珍惜，或是取得了一点成绩之后便失去了继续努力的动力，这才是他们看上去没有别人机会多的原因。

当机遇来到你面前也不代表着成功了，它只是人生道路上的一条捷径。打个比方，你要去山顶看日出，有一条捷径可以使你快速到达，但你要记得捷径总是靠在悬崖边上，下面就是无尽的深渊。捷径纵然可以使你快速到达目的地，同时也要承担更大的风险，只有更加专注努力才能走过去。也就是说，你即使已经把握住了机遇，还要继续奋力向前，戒骄戒躁。只有这样，你才不会失去机遇，才能到达彼岸。

将心态归零，珍惜正能量

经研究表明，当发生问题的时候，人们会不由自主地做出三种反应。第一种：所有错都是别人的。这是一种保护自己的方式，把所有过错都推到别人身上，使自己摆脱干系。第二种：不清楚、不知道、不明白，根本没有这回事。总结起来就是"三不一没有"，好像这样事情就可以解决，自己也不会惹上麻烦，但是问题还是存在的。第三种：负面思考。这样思考的人总是不断抱怨和埋怨。平心而论，这三种自然反应不会对解决问题有任何帮助。

要知道，在解决问题时，"正面思考"的正能量，才是王道。正面思考也就是正视问题，既然事情已经发生了，就要想办法去解决问题，才不至于将生命浪费在悲伤之中。正面思考拥有无边的力量。

"正面思考"其实并没有那么难，重点在于个人的心态是不是能够归零。

其实，总是用"负面思考"的人并不快乐，而且他们习惯了这种思维模式之后就不想改变了。可是，如果不改变这种思维模式，随着挫折跟困难的增加，他们会越来越难以成功。

那么，怎样才能拥有正面的思考呢？很简单，那就是不断让自己的脑中出现"正面的文字"。

可以来看看下面这几句话。

"我会失败吗？"

"工作进度这么慢，我能完成任务吗？"

"哎，我运气真是太差了！"

"我好像永远也甩不掉倒霉。"

"算命先生说我最近什么事都不顺，所以我什么事都做不好。"

"反正我永远都不会成功。"

让我们用心问问自己，这些话是不是总是出现在脑子里，或者日常交谈中？是不是一遇到困难就开始想这些话，然后觉得失败是必然的，再也不愿努力？其实，我们完全可以将这些话变成富有正能量的正面思考，用正面的文字督促我们前进。

"我肯定会成功的。"

"我已经顺利完成一部分工作了，剩下的一定会很快完成。"

"我的运气真好。"

"倒霉总会过去的。"

"算命先生说我最近诸事不顺，但我相信命运掌握在自己手里。"

"没人会永远做不好事情，只要我努力就一定能够成功。"

一样的事情一样的过程，换一种思维跟想法，结果就会截然不同。人生就是这样，当你遇到挫折时，只要转变心境，自然容易找到另一条出路。

汤姆今年大学毕业已经好几个月了，但是迟迟没有找到工作。之所以这样是因为他总觉得自己不如别人好，尽管有些职位他很喜欢，却不敢将简历投递出去。有了面试机会，他也总是觉得其他的面试者比他优秀，自己肯定不会被选中，于是在回答问题的时候特别胆怯，缺乏自信。他的负面思考，一一反映在回答跟自己的表情里。

让汤姆想不明白的是，同窗好友杰森虽然功课没有他好，却已经在某家大公司上班了。杰森知道汤姆的情况以后，告诉他要将心态归零，在面试的时候，每个人都是平等的，没有谁比谁好，也没有谁比谁差。

当一个人正面思考时，身边的人就能从他身上感受到积极的力量，会受到他正能量的感染，从而带来更多的机会。

有这么一个小故事，把正面思考的优势表现得淋漓尽致。

有两国在交战，一位将军在战争中受到了敌军的轰炸，非常不幸地失去了一条腿。当他回到军队，那个每天帮他擦皮鞋的勤务兵吓得不知如何是好，哭了出来。将军却笑着对勤务兵说："别哭了，以后你只要擦一只鞋就好了。"

通过这个故事我们可以发现，那些懂得"正面思考"的人，即使面对再大的挫折，都能让自己平静地度过。将军用一句话，就让吓坏了的勤务兵破涕为笑。

有人就说，保持正面思考太难了，确实如此，但是我们可以用很多方法来时时提醒自己，进而把"正面思考"变成一种习惯。比如，收集一些可以让人积极向上的名言，将它们贴在经常可以看到的地方。在出门之前对着镜子里的自己说"我今天会一直用积极的心态面对每一件事。"当自己陷入负面情绪时，就强迫自己转变思想，告诉自己这些坏的情绪都不能影响自己。这样在日常生活中慢慢积累，就能逐渐养成正面思考的习惯。

我们这一生，不可能不遇到挫折，当挫折来临时，要用正面的思考代替负面想法，将心态归零，用正面思考让生命再度绚烂。

懂得取舍，争取想拥有的东西

在我们的人生中，对于那些想要拥有的、应该拥有的东西，我们都要尽力争取；丢掉那些沉重的包袱，学会割舍。

生活中有许许多多的事情需要做出选择。能够舍弃该舍弃的，是智者的行为；舍弃了并不该舍弃的，那是愚笨。

鸣蝉之所以能够在高空自由地歌唱，是因为它奋力地甩掉了外壳；壁虎之所以能在危难中保全自己，是因为它勇敢地挣断了尾巴；算盘若是将自己的空位都填满，就必然会丧失运算功能。所以，我们都应该放弃那些不该拥有的东西。

现实生活特别复杂，我们自己的承受能力却很有限。假如说大脑是一个仓库，不管这个仓库有多大，当一种东西将其填满时，另一种东西必定没办法入库。在我们读书的时候，痴迷于武侠小说就无法专注于几何图形，总是看娱乐杂志就不能用心去记英文单词。

所以，我们应该懂得，该舍弃的东西一定不能留恋，该拥有的我们就一定要努力去争取。

赫赫有名的英国皇家学院公开张榜为饱受赞誉的戴维教授选拔科研助手，知道这一消息的年轻装订工人法拉第特别激动，赶紧跑到选拔委员会那边报名。可是在考试前一天，法拉第被告知自己被取消了考试资格，原因是因为他只是一名普通的工人。

法拉第非常生气，一路赶到选拔现场同委员们理论。那些委员都特别傲慢，讥讽地对法拉第说："我们也没办法啊，你只是一个普通的装订工人，想要到皇家学院来除非得到戴维教授的同意。"听到这里法拉第犹豫了，不能见到戴维教授的话，自己肯定就无缘考试。可是一个平淡无奇的小小书籍装订工人想要拜会著名的皇家学院教授，他会理睬吗？法拉第有很多的顾虑，但是为了自己的理想，他还是鼓起勇气去找戴维教授了。

法拉第来到教授家门前，第一次敲门后没有声响，当他正要第二次敲门时，门开了。出现在法拉第面前的是一位面色红润、须发皆白、精神矍铄的老者。

"门并没有锁，请进来吧。"老者微笑着对法拉第说。

"教授，您家的门一直都不锁的吗？"法拉第疑惑地问。

"干嘛要把门锁上呢？"老者回答，"你把别人锁在外面的时候，不正是把自己锁在屋子里了吗？我才不想做这样的傻瓜呢。"

原来这位老人正是戴维教授。他把法拉第领进屋，仔细听了他的诉说，写了一张纸条交给法拉第说："小伙子，你去把这个纸条交给委员会的那些人，跟他们说戴维老头同意了。"

法拉第如愿参加了考试。经过层层严格的选拔考试，书籍装订工人法拉第出人意料地成为了戴维教授的科研助手，完成了自己的梦想。

法拉第的故事告诉我们，与其接受命运带给我们的不公，不如努力去争取希望，不战而败才是最懦弱的。如果你想成为一个有理想有目标并且敢于坚持的人，就必须具备执着的信念和积极进取的精神，同时还要拥有"就算失败也要努力争取"的勇气和胆量。

那些成功的人，通常都知道自己该做什么，不该做什么；什么是自己应该去坚持的，什么该舍弃。名利财富并不会跟随你一辈子。所以对它们执着实在是不应该。高尔基是前苏联非常有名的作家，有次他的房间失火了，危急时刻他并没有顾及那些财产物品，甚至都没有顾及自己的生命，而是从凶猛的大火中抢救出了几箱书。高尔基将平常人眼中的财富舍弃了，守住了心灵真正需要的那些财富。

正确地舍弃，需要的是高风亮节的品格。对于那些我们应该拥有的东西，不论怎样都要努力争取，在争取的同时要丢掉包袱，懂得割舍。

错过后别总后悔，面对现实

恺撒大帝曾说过一句非常有名的话："懦夫在死之前已经死过很多次，勇士却只死一次。"在面对无法改变的现实时，我们要学会勇敢面对，并坦然接受。对于那些我们无法逃避的事情，总是越躲越被动，而当你能够勇敢面对并迎接他们的时候，也许它们会在你的无畏面前退缩。

有一位非常喜欢收集古董的老人，只要是自己喜欢的东西，就一定要买回家，不管付出多大代价。

一天，他的朋友跟他说在旧货市场发现了一个古老的瓷瓶。得知这一消息的老人立马骑着自行车赶去旧货市场。最终花了一笔大价钱买下了那个瓷瓶。

老人把瓷瓶绑到自行车后座上，特别开心，唱着小曲骑着车往家走。不料，走到半路时，由于瓶子没拴牢，"咣"的一声摔到了地上，摔得粉碎。

老人听到瓷瓶摔到地上的声音，头都没回继续哼着小曲往前骑车。

路边一位行人看到了，连忙大声喊道："老先生，你的瓷瓶掉地上摔碎了！"

"摔碎了吗？我听那声音也猜到一定是摔得粉碎没法再要咯。"老人还是没有回头，大声地回应着了那个行人，继续往家走。

"哟，这可真是个怪人！"

"这么好的瓶子就这样摔碎了，真是可惜呀！"

老人的身影在路人的惋惜声中慢慢消失了，他从始至终都没有停下来，甚至都没有回头看一眼，就那样非常潇洒地走了。

面对已经发生的事情，老人并没有抱怨，而是按照自己的路线继续回家，这该是多么豁达的胸怀啊。我想，我们很少有人能做到老先生那样。当我们最心爱的东西或者是巨额财富丧失时，大多都会特别懊恼、焦虑与后悔，会说："真是该死！我要是这样就好了，我要是那样就好了。"有的人甚至会因为过分责怪自己而影响生活，从此生命中失去了很多欢乐。

我们有句老话说得好："天有不测风云，人有旦夕祸福。"当我们面对已经发生的不幸时，一味地难过是无济于事的，而且很可能会节外生枝酿成更大的不幸。有一句名言是这样说的："对必然之事，要轻快地加以接受。"还有很著名的一句话保存在荷兰阿姆斯特丹老教堂的废墟上，那是一行英文，大意是：事情既然已经如此，就不会再另有他样。

《哈姆雷特》是莎士比亚非常有名的文学著作，剧中主人翁哈姆雷特性格非常忧郁，他原本有一位受人尊敬的父亲，还有非常温柔美丽的母亲，但是完美的一切都被贪婪且残暴的叔父破坏了。面对突如其来的厄运，哈姆雷特几乎不能接受，但同时伟大的思想与人文主义的情怀又时时冲击他的内心，这一切使得他成为"思想上的巨人，行动上的矮子"。哈姆雷特一度想要逃离自己的国家，以此躲避现实。但当哈姆雷特就要跟雷欧提斯进行最关键的最后决斗时，他终于变得勇敢，不再逃避现实，学会坦然接受命运带来的一切。莎士比亚通过哈姆雷特的选择流露出自己对于生活的理解：死亡并不可怕，如果它终将来到，那我们不如大方地接受它。

莎士比亚通过戏剧来告诉我们，要勇敢接受无可避免的现实，把握拥有的每分每秒，活出自己的精彩。

我们这一生，就好比是在大海中漂泊的小船，有风平浪静，也会遇到狂风巨浪。有些事情的发生会很突然，令人猝不及防，那是我们的能力所不及的。我们要是能以菩萨般的心肠去对待生活，那么生活也会以菩萨般的心肠善待你。事情既已发生，就应该冷静面对，冷静思考，然后最大限度地减少损失，用积极良好的心态努力把坏事变成好事。那些负面情绪只会让事情变得越来越糟，所以不能陷入其中无法自拔。有一句格言说得特别好："对必然之事，轻快地加以接受。"这个世界变得越来越快节奏，人人都充满压力、焦虑，这样的我们比任何时候都更需要这句话。只有这样，我们才能使心灵轻松，才能彻底从痛苦中解脱，才能去创造一个平和宁静的内心世界。

所以，学会在痛苦中享受生活，懂得在苦难中品味人生的人才是真正懂人生的人。

上帝问了三个普通人这样一个问题："你们来到世间是为了什么？"

第一个人回答："我是为了享受生活。"

第二个人回答："我是为了承受痛苦。"

第三个人回答："我为了承担生活带给我的磨难，同时也为了享受生活给我带来的幸福。"

上帝听了他们的回答，给前两个人各打了五十分，给第三个人打了满分一百分。

生活中充斥着各种欢乐与痛苦，只有适应这样一种环境的人才能够生活。上帝的本意是围绕人的生活目的，给我们展示了三种类型的人："享受生活"、"承受痛苦"、"既承受痛苦，又享受幸福"，同时道出了生活的真谛。

那么什么是生活呢？"生活是一条路，怎能没有坑坑洼洼；生活是一杯酒，一定包含着酸甜苦辣"。正因为生活是坎坷崎岖祸福相依的，所以只有勇于承担磨难才能够好好去享受欢乐幸福。要明白，享受幸福是承担磨难的动力，我们都要承受生活带给我们的磨难，然后享受生活赐予的幸福。那么，既然如此，我们就必须去努力奋斗。

只"享受生活"的人，通常是好逸恶劳的，他们总是幻想过不劳而获的寄生生活，整日游手好闲，凡事无所用心。这样的人会遇到两大难题：

第一，从物质上说，没有付出哪里会来回报？人人都去索取的话，又有谁来奉献呢？

第二，从精神上说，他们每天都只想着如何享乐，没有承担苦难的思想准备与能力，当厄运降临，就捶胸顿足，没有办法继续生活。

上面说的这两大问题，他们都没有办法解决，所以就失去了生存最基本的依据。

那些觉得来到世间只是为了承受痛苦的人，你要是反驳他们，他们会对你说：如果不是这样，那为什么人来到世界上第一声总是哭呢？这样的人，凡事都听天由命，逆来顺受，生活得特别累。他们往往是没有理想的，对生活也不抱有希望，缺乏勇气与信心，没有冲破黑暗的魄力，最后只能被苦难吞噬。

著名作家罗曼·罗兰曾说过："生命是建立在痛苦之上的，生活被痛苦所贯穿。但是即使这样，我们还是要抓住机会，去享受生活带给我们的点点滴滴。"确实是这样，不管我们遇到了多大的苦难，都不能忘了在苦难中去寻找、去品味人生的甘甜。

当有一天，痛苦、绝望跟无助同时向你逼近时，你是不是还能享受当下的阳光？要时刻记住，只有那些在绝境中依然能够抓住一丝快乐的人，才能领悟到人生快乐的真谛。

我们都明白，人生免不了要经受苦难，其实苦难对人同样有好处。就好比没有了大气压力，人的身体会爆炸一样，人如果没有艰难困苦相伴，所有所需所求都能得到满足，那么人生也会毫无乐趣。综上所述，只要你有好心情，在任何情况下，你所经受的痛苦越深，其后出现的喜悦也会越大。

就像一位哲人所说的一样："一个人，既要承受痛苦，也要享受快乐，这才是完美和有价值的人生。"

既然上帝不愿意我们变成享乐主义者，也不忍心总是让我们经受苦难。那么，我们就笑着面对生活，既能够承受痛苦，也能够享受生活。

在错过后回归原点，笑对人生

人这一生，长路漫漫，时起时落。我们都很清楚，人不可能永远都站在最高处去俯瞰众人。也不会永远都能取得成功，不会失败。让一切归零，就是使自己回归一切原点思考，使自己的心态变得纯净，这样才能使自己到达下一站的幸福。只有让心态归零，才能笑对人生；只有让自己自卑归零，才能发现更多的优点。归零不是清除一切，而是让我们重新认清目标，重新找到生命中的美好与真谛。只有清除一切欲望使欲望归零，心灵才能得到解放，前方的路才能变得更加广阔。只有将忧虑归零，我们的生命才能更加绚烂多彩。

人这一生，不会永远成功，也不会永远失败。当你的心态发生转变，你眼中和心里的世界也会跟着不同。

有这样一个故事。

曾经有一位国王，他有个非常宠幸的大臣。一天，大臣的母亲患了重病，迫于无奈那位大臣想都没想就擅自乘坐国王的马车赶回家里，一心想早点看到自己的母亲。要知道，这可是犯下了重罪，可是国王信任他，便说："他也是着急想见到他的母亲，因为有孝心。敢为了自己的母亲承担如此大的风险，这样的孝子也一定会是贤臣。"又有一日，国王带着那位大臣微服出游，两个人途经一片桃林，大臣在路边摘了个刚刚熟透了的桃子，尝了一口觉得特别鲜美，便递给国王并说："陛下，太美味了，您赶紧尝尝看。"国王见此笑着说："爱卿啊，你能想着与我分享，可见你对我特别忠心啊。"

过了几年，国王不再宠幸这个大臣，有了新的宠臣，他常在新受宠的大臣面前数落曾经宠幸的那个大臣："哼！那个人当年竟然擅自乘坐我的马车，你说，他自己的家能比朝廷还重要吗？根本没有把我放在眼里，这样的人肯定是个庸臣。还有一次我们出游，他胆敢把自己吃过的桃子给我吃，他对我是多么不尊重啊！"

从这个故事中我们不难看出，人的心态是非常微妙的，常常因为自己的主观意识对他人做出并不中肯的评判。所以，我们要努力使自己的心态归零，只有使心态归零，我们才不会因为自己的主观意识错过很多美丽的风景。

当然，我们也不要因自己的刻板守旧错失了人才。

　　有一个勤奋的青年，他叫班森，在一个公司做主管，班森非常相信星座。

　　在他心里，觉得白羊、狮子和射手座的人都是不能委以重任的。他认为白羊座的人都是性格火暴，容易冲动易发怒，会误事，所以不能当自己手下的员工。狮子座的人喜欢夸夸其谈，爱炫耀并且口无遮拦，这样办事不牢靠。还有射手座的人，非常爱交朋友，喜欢自由不受约束，所以也不适合工作。就是因为他的这些观念，所以他每次看简历时都会把这三个星座的人的简历直接去掉，从不考虑。但是，因为来他们公司应聘的人太多了，有时候也会疏忽漏掉。

　　这天，班森又面试完几个新人，神采飞扬地回到办公室跟他的心腹讨论。

　　班森说："我对刚才那个人非常满意。他不仅是名牌大学毕业的高材生，而且还有经验，谈吐也不俗，进退得宜，正是我一直要找的人。我已经叫他明天过来上班了。""这么厉害的人会是什么星座的呢？"心腹因为非常了解班森，就随口问了一下，他们知道这个人肯定不是那三个星座里的。

　　"不记得了，刚才谈得太投机，都没顾上看他的资料，我现在去看一下。"这时班森才去办公室把简历拿了过来。

　　看过简历的班森脸色变得不好了，自言自语地说："真是失策，都没注意，没想到他是狮子座的。"

　　秘书对他说："星座只能算是参考，不能说明什么，再说您刚刚不是夸奖他了吗？"

　　班森非常肯定地说道："现在我已经开始怀疑他说的话了。刚刚的那些经历也许是他自己编出来的呢？狮子座的人最爱夸张跟吹嘘自己。我想他来了也不会做多久的。"

　　其他人你看看我，我看看你，都摇头苦笑。

这种事情并不是第一次发生，因为星座他们已经错失了好多的人才。那些有着班森喜欢的星座的人，也有很多不安分守己的，也会没做多久就离职了。班森因为自己的主观而用星座判断别人，这首先就给自己设置了障碍，因此能招到的人才就很有限，最后影响了公司的发展，真是非常不应该。

幸福就是活在当下，珍惜眼前

有一个富翁，他非常年轻，不幸的是他患上了食道癌，必须住院，而且医生告诉他只能活六个月了。

这个富翁开始痛恨命运如此不公，这样对待信仰虔诚的他。医院里到处都充满了药味，他怀念着海边的别墅，怀念自己新的跑车，怀念老婆做的饭菜，并后悔自己没有好好陪陪孩子。他特别高傲，不许任何人来看望。一天，隔壁床住进来另一个跟他患同一种病的病人，让他吃惊的是那个人竟是他很讨厌的朋友。他们已经很久没有联系过了。他抱怨上天这么爱开玩笑，让他讨厌的人看到他现在的样子，同时又抱着看好戏的心态，暗自高兴朋友也跟他一样痛苦。经过化疗后，朋友很快跟他一样，每天都特别痛苦。但是这样并没有让富翁感到一点开心，而且巨大的无力感随之而来。朋友没有结婚自然也不会有孩子，可是每天都会有很多人来看望他。小小的孩子带着亲笔画的画儿送他，稍微大一点的孩子会给他带来自己折的纸鹤跟星星，还有很多人围着病床一直陪他聊天，逗他开心。富翁很羡慕这个朋友，因为他总是那么开心，像个健康的人一样，心里也在想他是如何做到的。可是强烈的自尊与骄傲不许他去问朋友，这时，他不仅身体难受，连心里也开始难受了。某天，富翁醒来发现朋友不见了。护士给了他一封信，是那个朋友留给他的。看了信富翁才知道，那些来看望朋友的孩子都是朋友领养的贫困儿童。知道自己生病以后，朋友就把全部积蓄捐给了慈善机构。富翁终于知道朋友为什么会那么开心。生病会很痛苦，但是分享与付出的甜美帮助他战胜了这些苦日子。幸福并没有随朋友一起消失，而是分享给了更多的人。

在了解了这些道理之后，富翁也像朋友一样将名下财产捐给了慈善机构。没过多久富翁去世了，但是病榻上的他脸上有着许久不曾出现的微笑。

俄国文豪托尔斯泰曾说，人生唯一可靠的幸福，就是做好事的乐趣。

有这样一则公益广告，讲一个家庭贫困的小姑娘，最大的心愿是跟其他小朋友一样去上学，但是靠着妈妈卖萝卜那点微薄的收入根本不可能。

小姑娘每天都帮妈妈洗萝卜然后去卖萝卜，虽然辛苦但能跟妈妈在一起也算很幸福。小姑娘每次经过便利商店时，总会拿出自己的零用钱放进捐款箱，她希望她小小的分享能帮助和她一样的孩子实现梦想。

我们把自己的幸福大方地同人分享，那么反馈回来的，便会是能够使我们内心满足的快乐。日子即使再苦，活着就是幸福，分享就是快乐。

转变心态，才能走好脚下的路

当我们遇到挫折与困难时，很容易陷入其中无法自拔。其实很简单：山不转路转，路不转人转。这个道理看似简单，却不容易理解。很多时候人们在遇到困难时会不断往前冲，一直到没有一丝力气才发现自己在做无用功，忽略了特别简单的道理：如果一条路走不通，为什么不换一个方式往前走呢？可惜人在愤怒或者执着于一件事时，通常都无法冷静思考，导致看不清眼前的路。只有将心态归零，才能真正明白什么是山不转水转。

人不能去决定别人的想法与事情该如何发展，却可以决定自己的心态。而一个人的心态往往决定了未来的成败。

甲乙两个人一起进京赶考，走到一半时发现前面有座山。甲十分沮丧地说："糟糕，前面的路被山挡住了，我们没法去赶考，可能要往回走了。"乙却不这么认为，他说："没关系啊，我们可以绕着这座山走，也许还会有其他的路呢。"甲听了直摇头，觉得乙太天真，他决定回家不去赶考了。故事的结局是，乙真的找到了路并准时到达考场，顺利考取功名。

看了这一故事，很多朋友都会觉得甲运气不好太倒霉了。但如果我们是故事里的甲，会做什么样的决定呢？大部分的人都会和甲做同样的选择吧。正是因为很多人没法体会这点，而造成了家庭或者事业上的瓶颈与波折。如果能够早点体会到这些的话，相信生活中的很多问题都能够解决。

乔治跟阿瑟是同一个部门的同事，因为两个人在同一所大学念书，进公司的时间也很相近，所以经常被放在一起比较。论资历跟头脑，乔治跟阿瑟旗鼓相当；论脾气跟人缘，两个人也都还不错。但就是这样，阿瑟的薪水还是比乔治高，究其根源是在工作效率上，阿瑟比乔治快很多。一天，王经理交代给乔治一项任务，到了第二天下午乔治才跟王经理说没法完成。王经理很生气地问道："怎么回事？"乔治回答说："数据不够，内容也太少，我需要更多的数据才能完成工作。所以我希望经理您能再多给我一些时间与有用的信息。"王经理并不满意乔治的回答，这时阿瑟进来了，王经理就把这项任务交给了阿瑟。转眼到了第二天早上，阿瑟准时将报告交给了王经理。王经理问阿瑟怎么完成的工作，阿瑟淡淡地说："这份报告确实很难做，但是我换了一种方式，去网上和图书馆找数据，将原来没有的部分补充完整了。"王经理很满意，这就是阿瑟比别人优秀的地方。在适当的时候懂得转变思路与方式，不一味地陷在困境里，这就印证了那句诗：山重水复疑无路，柳暗花明又一村。

陷入困境只是一味发愁是最没用的。与其整日愁眉不展，不如转换心态，因为什么样的心态决定什么样的未来。悲观的人在面对困境时所能看到的就是末路。然而，乐观的人在面对困境时就会"柳暗花明又一村"。那些看上去很大的困境，只要转变一下心态就会看见希望。

只有将心态归零，才能体会峰回路转的道理。所以，从现在开始，试着将心态归零，体会什么才是山不转水转，这样会使你在生活和事业上都能够拥有正面的改进，拥有正能量。当我们在面对挫折的时候，不要再只是说说脏话和通过玩乐去发泄，而是能够潇洒地挥一挥衣袖，不受任何"负面心态"影响。因为只要转变心态，希望就会在前方。

字典里是这样解释"主观"的：根据个人认知来判断，而不符合实际状况。因此，我们在面对实际发生的事情时，主观其实毫无帮助。在我们的日常生活中，如果听到人们说这个人非常主观，第一个反应通常都是负面的，因为主观有画地自限的感觉。假如一个人太过主观，他很可能不会听取别人的意见，也不会改变自己。因此，如果一个人能够摒弃主观意识，重新开始，那么就说明他心态已经调整得很好，已经归零了。虽然这很难，但是却是我们人生旅途中，值得为此努力的事情。

主观的人通常喜欢去评论别人，因为这样的人总是以自我为中心，做事聊天都以自己为主，一旦有人反驳就会激起他们的斗志，总是想要证明自己的主观才是对的。正因如此，这样的人就会在无形中给自己增加了很多挫折，树立了很多敌人。让我们好好思考一下，主观意识太强究竟会有什么好处呢？这样的人都不会发现自己的主观意识强，因为他会很主观地认为自己是很好沟通的人。说明白一点，就是众人皆醉我独醒。

你要懂得，失去未必全是坏的，有时候反而是另一种获得。

有一位小学女老师被骗了许多钱，整日愁眉不展。原本生活无忧的她现在房贷也还不了了。就这样，清秀美丽、皮肤白皙的她因为过大的压力导致脸上起了很多痘痘，身体都不太好了。

朋友们知道了这件事后都很关心地询问她，可是她太好面子，总是跟大家笑着说没事。等没人的时候又自己着急，整夜失眠，人都瘦了好多。就这样多了半年多，难以忍受的她去看心理医生，才知道自己已经得了忧郁症。

某天她在家周围散步，遇到了住在附近庙宇的一位禅师。禅师看她心事重重脸色很差，就邀请她与他一起爬山。

天气很好，山上风景也特别美，金色的稻穗在阳光的照耀下好像金黄色的海浪。

看着这样的美景，她突然想起，自己已经很久没有好好去欣赏周围的景色了。

她对禅师说道："大师，很久以来我都过得很不快乐，我失去了太多。"

禅师问她："那么，你觉得活得快乐是特别重要的吗？"

"当然是了。"她毫不犹像地回答了这个问题。

"照你这么说，快乐应该值千金咯。"

"是的。"女老师笑了。

禅师这时语重心长地对她说："那你就不要再失去千金了。"

就在这个时候，一只可爱的小松鼠抱着松果跑过来，好像比她更享受这阳光美景。那只松鼠好像也在跟她说："看呀，你还拥有这么多，为什么不快乐生活呢。"

她猛然间明白了，如果快乐值千金，自己都已经失去很多钱了，难道还要再失去千金吗？

从那以后，女老师主动跟学校申请了更多的工作，平时也开始专注于儿童文学创作。渐渐地，充实的生活让她走出了阴霾。没多久，她便出版了一本小书，受到广泛好评，并且特别畅销，房贷的问题迎刃而解，这时的她开始感谢那失去的金钱。

很多时候，我们都会很轻易地被表面上的"失去"所迷惑，如果我们抱着一颗乐观积极的心，就会发现，原来失去也是一种获得。

第三辑

未曾失望的人，不懂理想

我们每个人，在一生中总会遇到各种各样的失败与挫折。失望是一个必经的过程，但是当我们的思想被失望占据时，应该怎么样应对呢？如何让自己在失败时仍充满正能量呢？这一辑，将会给你解答。

即使失意也不能丧失志向

没有谁的人生是一帆风顺的，总会遇到失意，它虽然让人痛苦，但却是无可避免的。在面对失意时，不能只是哀怨，而要将心放宽去化解，这样反而会有让人意想不到的收获。

保罗·迪克的祖父留给他一个美丽的森林庄园，他一直以生活在这座童话般的庄园而感到自豪。只是，他还没来得及好好欣赏这个庄园的每个角落，灾难却悄然而至。那年秋天，一场山火将保罗·迪克的庄园毁于一旦。一夜之间，百年家业化作废墟，这一变化让保罗·迪克陷入了绝望的境地。

那么美丽的庄园，就此毁于一旦了，换做谁都会伤心的。保罗决定要将庄园修复得跟从前一样。于是，保罗倾其所有向银行提交了贷款申请，可是银行却拒绝了他。保罗难过极了，睡不着吃不下。他无法承受这样的打击，他为自己再也无法看到门口郁郁葱葱的森林感到难过。一个月的时间保罗足不出户，眼里充满血丝，变得更加憔悴。外祖母听说此事后来找保罗，告诉他："孩子，失去森林庄园并不可怕，可怕的是一天天衰老，看不到希望……"保罗在外祖母的劝说下，终于愿意走出庄园去散散心。

秋天的萧瑟，让保罗的心情更加低落，他失魂落魄地走在街上，突然被街角的一家店铺吸引，这家店门口排着长队，人们正在抢购过冬取暖的木炭，保罗从木炭中看到了希望。

此后的半个月里，保罗和几个工人一起将被烧毁的树木加工成上好的木炭，分装成 1000 箱。在集市上，保罗的木炭成了抢手货，木炭经销商毫不犹豫全部买走。

保罗从被烧毁的庄园中找到了价值不菲的"宝贝"，也找到了生活的希望，他用赚到的钱购买了大批树苗，没过几年，森林庄园又变得焕然一新。

大火只是烧毁了森林，却烧不断保罗前进的路，即使死灰里只要用心也能找到生机。别让一时的失意蒙蔽了双眼，森林很快就会绿意盎然，只计较眼前的得失，心里自然会变得荒芜。

面对失意，如果还要让自己沉浸在痛苦中，并不会有所帮助，只会陷入更加痛苦的境地。但如果你能站起来，以坚强的意志去面对失意，你就拥有了打败失意的机会。

一个人在失意的时候更不能失去自己的斗志，因为向失败低头就不会再走向成功，就永远失去了翻身的机会。要知道，失意并不等于失败，而是成功对我们的考验，未曾经历失败的成功往往都是不稳固的。失意是对人生的一种历练，这种历练可以使人更加坚强，更加有耐力。

人人都希望收获成功，但成功前面往往都会有失意跟随。可能你努力了很久还是失败了，遇到这种情况就开始捶胸顿足、痛不欲生，那么事情只会变得更加糟糕，而不会有丝毫好转，严重时还会危害身体健康甚至危及生命。如果你能以一种积极的心态去看待人生中所遭遇的失意，坏事也有可能转变成好事，勇敢去面对失意，就可能会峰回路转。

既然失意是无法避免的，那么就更应该善待失意。在失意的时候要坚强，学会冷静分析失意的原因，找准问题从根源解决，失意的阴霾就能够散去。综上所述，我们要善待失意，要用失意去换取成功。

　　美国一位有名的步枪射击运动员叫马修·埃蒙斯。他连续两届奥运会都在打出最后一枪时鬼使神差地出现令人费解的失误，与金牌失之交臂。埃蒙斯在赛后紧紧地拥抱了自己的妻子，还不忘去祝贺冠军。在接受记者的采访时，他这样对记者说："虽然我自己也不想这样，但这只是一场游戏，生活还是要继续，并且我对自己获得奖牌已经很满意了，下一届奥运会我还是会参加的。"

　　埃蒙斯是被上帝所宠爱的，上帝给了他难得的天分，但是却没有把好运给他。但埃蒙斯并没有受到影响，在大家心里，他依然是赢家，他用自己乐观向上的心态告诉所有人，他就是冠军。

　　失意并没有那么可怕，每个人都能够像埃蒙斯一样在失意中得到大家的赞美，得到大家的认同，即便他没有得到金牌，没有拿到冠军。失意的时候不能失去志向，人生的道路很长。假如人生遭遇了失意，那么就坦然面对，勇敢接受，在失意的时候努力提高自己，努力奋起，才有精力去迎接更精彩的人生。

不管如何失望，也不能失去希望

失败、失意，人生往往要经历这些，没有哪种成功是能随便得到的，几乎每种成功都会经历很多的失败。但是如果在刚失败时就失去信心失去动力的话，就会与成功擦肩而过。人在失意的时候不能失望，这样心中才会有希望，才能有机会成功。

爱迪生的每项发明都是最好的证明，他有一项发明甚至经历了上万次的失败。一位年轻的记者在采访时问爱迪生："先生，您的这项发明曾经失败过上万次，您对此有什么想法跟感触呢？"爱迪生是这样回答的："年轻人，因为你的人生才刚刚开始，我告诉你一个对你以后非常有帮助的启示，我并不只是失败了一万次，而是发现了一万种不可行的方法。"

如果因为几次失败就放弃了，那么爱迪生就不会有一千多项发明了。

人在失败的时候应该脱离出来看自己的失败，学会在失败的时候去原谅自己。人总是会很轻易地原谅别人的失败，会劝导别人看开，但是自己遇到失败却无法接受，因此将自己禁锢在失败的牢笼里。也正是因为这样，成功不敢再走近，反而会离你越来越远。因此，不妨换个角度去接受失败，并且从中找到自己的希望，往好的方面想，至少失败是在提醒我们，这样做是错误的。那么下次你就不会再犯这样的错误，也就为成功多赢得了一次机会。

勇敢面对真实的人生，在痛苦的时候去寻找原因和战胜痛苦的方法，让自己的潜能得到释放，去寻找人生的亮点。

斯诺夫斯基先生在一家软件公司工作了八年，是一名程序员。他以为自己可以在这边工作到退休，然后拿着丰厚的薪酬开心养老。但突然有一天，他工作的公司倒闭了，这个时候他的第三个儿子刚刚出生，他必须要重新找工作了。找了一个月都没有结果，除了编程序，他什么都不会。

这天，他在报纸上看到一家软件公司在招聘程序员，而且待遇非常优厚。他带着简历充满希望前去应聘，到了那里，他发现应聘的人多到超乎想象。很明显，竞争非常激烈。

斯诺夫斯基的工作经验十分突出，通过了初试，公司通知他一星期后过来笔试。斯诺夫斯基凭着自己出色的专业知识，很轻松地通过了笔试，得以参加最后的面试。

斯诺夫斯基对自己的专业知识非常自信，他相信面试会很容易。可是事情却跟他想象的不一样，面试官的问题是关于软件行业未来的发展方向，这个问题他从来都没有好好地想过，就因为这个问题，他被告知没被录用。

斯诺夫斯基感触很深，他觉得这家公司对软件产业的理解很超前，他虽然面试失败了，却有了很多收获。因此，他觉得要写一封感谢信给这家公司。

他在信中这样写道："感谢贵公司花费人力、物力为我提供了笔试跟面试的机会。虽然没有应聘成功，但是通过这次应聘我长了很多知识，受益匪浅。感谢你们为此所做的付出，谢谢！"由于这封信很特别，负责招聘的人就把这封信交给上司看，就这样经过层层递交，这封信被送到了公司总裁的手里。

三个月之后，这家公司又要招人了，而斯诺夫斯基意外收到录取通知。

故事的最后，斯诺夫斯基通过十几年的努力，成为了这家公司的副总裁，他就是史蒂文·斯诺夫斯基。这家公司的总裁就是全球首富比尔·盖茨，而这家公司就是著名的微软公司。

在求职不成的情况下，并没有失去信心，而且用乐观积极的态度对公司表示感谢，给公司留下了很好的印象，虽然面试失败，但斯诺夫斯基为自己赢得了成功的机会。

这个故事告诉我们，在失意的时候不要轻易失去信心，要学会坦然面对，积极努力去改变。史蒂文的经历告诉我们，失败时不应停留，要做好准备去迎接新的挑战，积极的态度也许会让人有意想不到的收获。如果你总抓着自己的失败不放，就只能永远活在失败里，如果你能够重新充满勇气去面对，那么下一次或许你就会赢得成功。

松下电器创始人松下幸之助这样说过："逆境是宝贵的磨炼机会。只有经得起环境考验的人，才能称作强者。古往今来的伟人，几乎都拥有不屈不挠的精神，从逆境中挣脱出来。"

只要一个人不失去信念，那么就永远不会失败。生活中，除了不懂事的孩子，没人有理由因为摔了一跤就赖着不往前走。如果在失败的时候就再不站起来，就等于是趴在地上不往前走，这样的人生才是真正的失败，才是真正的幼稚。在经历过失败后，我们都要勇敢地站起来往前走，这样你才会成长，才会有更精彩的人生。

在困境中依然要放飞梦想

外科病房里来了两位女病人，这两个人都是公司的高级主管，非常忙碌，因为胸部有硬块感到不舒服才来医院检查。在等待医生的时候，热爱音乐的 A 女说："如果是肿瘤的话，我就立即出去旅行，要走遍世界上所有知名的歌剧院跟音乐厅。"同样很喜欢艺术的 B 女觉得这个提议特别好。检查结果出来了，A 女胸部真的长了肿瘤，B 女胸部长的是纤维囊肿。

A 女跟 B 女在医院分开后，A 女觉得自己生命也许不会长久了，这一生还有很多梦想没有实现。为了能不留遗憾地离开，她决定余下的时光都用来完成自己的梦想。A 女列了一张很特别的人生计划表，表上是这样写的：第一、到维也纳国家歌剧院；第二、去巴黎歌剧院；第三、英国皇家歌剧院；第四、悉尼歌剧院；第五、纽约大都会歌剧院。与此同时还有好好欣赏所有古典音乐名家的作品，最后将这场音乐之旅编写成书。写好计划以后，A 女就去公司辞职，然后她去了奥地利、法国和英国。到了第二年，她又用自己惊人的毅力与恒心通过了音乐硕士班的考试。在取得硕士学位后，她紧接着走访了美国和澳大利亚，在这两个地方都住了一段时间。就这样，A 女乐观积极地按照她的人生计划表完成了每一项，现在她正在写关于音乐旅游的书。

有一天，B女在杂志上无意看到A女写的旅游文章，于是打电话给A女询问她的病情。

出乎意料的是，A女是这样回答她的："简直无法相信，要是因为胸部的肿瘤，我的生命一定会特别糟糕。"

B女不解。A女继续说道："我后来又去医院复查，肿瘤是良性的。但是这件事点醒了我，趁着自己还有精力，要赶快去做自己想做的事，去实现自己还没来得及完成的梦想。现在，我终于体会到了真正的人生是什么样的。亲爱的朋友你呢？你也一定生活得很好吧。"

B女久久没有回答。因为她在医院时所说的种种梦想早就因为没有患病而抛在脑后了。

著名文学大师林语堂曾经这样说道："梦想无论怎样模糊，都总会潜伏在我们心底，使我们的心境永远得不到宁静，直到这些梦想成为事实为止。"

几乎每个人都有自己的梦想，但是很少有人会努力去实现。往往都要等到身体不好的时候才会产生执行的力量。

可能，很多时候我们经历了很多很多的艰辛都没有实现自己的梦想，但是如果什么都不做的话，也不愿意为自己的梦想付出代价，梦想就永远都不会实现。

越过人生低谷，重拾理想

首先想跟大家说的是，每个人都很优秀，只是很多人都还没有意识到；其实人生有很多的机会，只是你没有勇气再往前走。因为在挫折来临的时候，你对自己失去了信心，被挫折打败，痛苦占据了上风，你便深深地陷入了沮丧与幻灭中。

每当到了这种时刻，我们都应该有所醒悟，要对自己充满信心，相信自己一定能够走出低谷，在这样关键的时刻，坚定的信心要比什么都重要。只有坚定信心，才有可能会渡过难关，然后逐渐走向成功。

故事发生在一个贸易洽谈会上，工作人员把一个中年人和一个小伙子送进了本市一家高级酒店的 38 楼，那是他们的住房。小伙子在房间内向下看去，觉得头晕目眩，就抬起头看着蓝天。这时，站在他旁边的中年人关心地问道："小伙子，你是不是有恐高症啊？"小伙子回答说："嗯，有一点，但是我并不害怕。我家是山里的，那里非常得穷，每年一到雨季，就会有山洪暴发，洪水就会淹没我们放学回家必经的小桥。我们的老师就一个一个把我们送回家。每次我们走到桥上，水都已经没过了脚踝，脚下是湍急的水流，我们看着特别心慌，一步都不敢走。老师就会对我们说，你们用手扶着栏杆，把头抬起来往天上看，看着天走。这方法真是管用，我们都不怕了，而且也记住了老师的这个办法。每当我遇到困难与险境时，我都会昂起头，不会屈服，而且一定会走过去。"

听完小伙子的话，中年人笑着问他："那你看我，像是寻死过的人吗？"小伙子望着自己眼前这位气度不凡、果敢刚毅的副总裁，一脸的讶异。中年人继续说下去："我原来在机关单位工作，后来下海经商。也不知是不是自己运气不好，还是不会做生意，几次投资都失败了，还欠了许多钱，债主天天上门追债，六万多块钱啊，这在当时算是天文数字了，我怎么可能还得起。那时我就想到要轻生，去深山里跳崖。到了悬崖边，我正要跳下去时，耳边传来苍老的山歌。我转过身去，远远地看见一位采药的老人家，他静静地注视着我，我想，他是用自己善意的方式阻止我轻生。我在悬崖边上找了一片草地坐着，一直到老者离去后，我才又回到悬崖边上，只看那崖下一片黑色的森林，直到这时我才开始觉得后怕，退后几步，抬头看着辽阔的天空，我的心中又重新燃起了希望，我选择了生。回到家后，我从零开始，慢慢地走到了现在。"

在我们的一生中，也会像故事中的两个人一样遇到急流与险境，如果我们被打败了，退让了，那么看到的就只能是险恶与绝望，在失落中失去斗志，最终使自己坠入谷底。但是，如果我们能抬起头，看看那辽远的天空，那你就会发现心中又充满了希望，就会有信心再次寻找属于自己的天堂。

大家都知道著名的英国诗人拜伦，但可能不知道他的第一部诗集出版时，人们把他说得一文不值，说他"把感情抒发在一片死气沉沉的沼泽上，"听了这些言论，拜伦并没有失意，而是用更加优秀的诗作为武器回敬给那些人，他说："根本没有什么失败，不过是胆小者给自己搪塞些理由罢了。"

如果你没有经历失败，那么就不会知道如何获得成功。

杰克·韦尔奇在高中时是校冰球队的运动员。在一次联赛中，他所在的球队开始时连赢了三场，但是随即又接连输了五场。

比赛进行到第九场时，双方各进两球，到了加时赛，对方又进了一球，杰克·韦尔奇所在的球队又输掉了比赛。

杰克·韦尔奇非常失落地走到更衣室，一句话也不想说。就在这时，他的母亲大步走了进来，抓着他的衣领对他大声说："如果你没有经历过失败，那么你就永远不知道如何才能获得成功。如果你连这点都没有了解的话，那么你就不要再去比赛了。"

听了母亲的话，杰克·韦尔奇醒悟了，他明白了在获得成功的路上经历失败的必要性。以后的每一场比赛，他都能心态平和地对待，哪怕失败了都不再垂头丧气。

当挫折来临时，很多人都只是顾着自怨自艾，甚至躲在自己的世界逃避现实，仿佛明天就会世界灭亡，生活都变成了灰色。他们忘记了去反思自己失败的原因，也没有明白失败也是一种资本——走向成功的资本。

有一个小男孩，他在学骑自行车。他的父亲是这样跟他说的："别怕摔倒，等你摔够跟头，自然就学会了。"男孩觉得父亲说得太夸张了。可是等他真正学会了骑自行车，都已经数不清自己摔过多少次了。

民间流传着这样一句话："人之所以不够成功，是因为失败的次数还不够多。"要记住，这个世界上没有真正的失败，只有暂时的不成功。

埃布尔是洛杉矶一家公司的高级主管，他的薪酬非常优厚，前景也很好。但是在他45岁的那年，公司进行了裁员，埃布尔失业了。

这件事对埃布尔的打击十分巨大，他30岁的时候来到这家公司，工作了5年后晋升为高管，一干就是10年。他以为，一切都会一直这样顺利下去，但是他却失业了，这让埃布尔难以接受。

从此埃布尔足不出户，因为他一看到忙碌的人们就会觉得自己很没用，而他的脾气也变得越来越大，妻子和孩子在他面前都得轻声细语，情况看上去越来越糟了。

就在这时，他的一位朋友来家里询问他关于销售的事情，而这正是他所擅长的，这件事给他带来了灵感。何不自己开一家咨询公司呢？埃布尔好像又找回了人生的方向——为更多的销售人员提供建议，为他们出谋划策。

拿定主意之后，埃布尔在三个月之后开了一家咨询公司，经过他不断的努力，公司很快就开始盈利了。

只有放弃才会使你真正失败。如果你不放弃，那么就不会被困境所打倒。

《赢在中国》一期节目里，马云这样讲道："对创业者来说，今天很残酷，明天更残酷，后天很美好，大部分人死在明天晚上，看不到后天的太阳……"这就很好地说明了坚持与放弃的区别，它们代表了希望与绝望，成功与失败的鸿沟。

我们在做任何事情之前，都先要考虑如果这件事情搞砸了，那么会对自己造成什么样的影响会带来什么样的后果？最坏的结果自己是否能够承受。

马云曾经对创业者们说过这样的话："如果你没有在创业之路上摔100个跟头的准备，那么你最好不要创业。"对创业来说，如果自身没有足够的毅力与抗击失败的能力，那么最好不要开始。任何事情都是如此，你要是想不被失败打败，就要不断提高自己承受失败的能力。

那么怎样提高承受失败的能力呢？

第一，接受已经失败的现实。明白自己为什么失败，并为自己的行为负责。通常情况下，推卸责任、寻找借口和一味抱怨都是不接纳失败的表现。

第二，要相信自己有能力消除失败带来的负面情绪。当有一天，你觉得自己能够消除失败带来的负面情绪时，你已经为自己建立了非常重要的信心，同时也实现了自我的提升。

第三，适时转移注意力。将注意力放在你特别想得到的东西上，而不是你已经失去的东西上。当你把自己想要得到的目标变成现实的决心的时候，你就能将全部精力用来提高自己的能力。

第四，学会忍受孤独。可以将自己关在房间里，不带手机，彻底与外界断绝联系；不带手表，忘记有时间的存在。通过这些告诉自己，什么都不要做。在刚开始的时候，或许你会有些难以承受，但是之后就会好很多。承受这种慢慢退却的沮丧能够让你体验一种实现自己的感觉。

用以上的这些方法，锻炼自己承受失败的能力，这是很有意义的一项挑战，它可以帮助我们向着理想更近一步。

境由心生，学会走出失望

有位失业青年一直都找不到工作。大学时他念的是生物学，后来通过朋友的介绍，去了一家出版社做自然科学书籍的业务员。

这位青年内向腼腆，本来就很少说话，在被客户拒绝几次之后，变得更加畏畏缩缩，甚至胆怯起来。无法承受压力的他，决定请假回老家放松一下心情，然后回来辞职。

这位青年的老家在乡下。回家后的一天，他去田边散步，看见田埂上有几个孩子在一起玩儿。他想知道他们在干什么，就走上前去。走近了才发现，孩子们拿着保温瓶，将里面的温热的水慢慢朝一只青蛙倒下去。

这群孩子的举动明显是在欺侮青蛙。但是让人意想不到的是，青蛙不但不逃走，反而仰起头，眯着眼睛，一副非常享受的样子。青年看到之后很诧异，随后又想到，上学的时候曾经学过，青蛙是冷血动物，当有温热的液体淋遍全身时，等同于人类的温泉浴。

这使他联想到了自己。那些客户的淡漠拒绝跟冷言冷语，就好比这些温热的水，假使把这些屈辱看成是温泉浴，好像也就不那么难以承受了。境由心生，好的坏的，都是看自己怎样取舍。

从老家回到城市后，他没有辞职，而是改变了自己封闭的个性，主动出击，制定了详细的工作流程，时刻记录自己的工作情况。

通过自己的不断努力，青年终于得到了客户的肯定与赏识。这个原本让他难以承受的工作，慢慢变得得心应手起来。这时的他为自己订下了一个目标，争取全区业绩奖励前三名。

禅宗认为"境由心生"，一切我们认为真实的物质世界，其实都仅仅是投射在"心灵"这面镜子当中的假象。如果真的是这样，那么我们眼中所谓的那些"真"其实并不比计算机所营造的幻境好。那些虚假和幻境都是交互存在的，只是不同层次的样貌而已。

需要我们理解的是，人生的成长与解脱，是一个逐渐探索生命本质的过程，同时也是抽丝剥茧的历程。我们除了洞察其表象的虚幻外，对于人生中必须经历的抉择与取舍，也有发人深省的地方。

境由心生，就是说你的态度将决定你的人生。就好比故事中青年的领悟一样，如果无法改变事实，那么就试着改变态度；如果自己无法改变环境，就试着改变自己；假如不能去说服他人，那我们就牢牢地把握自己；不能样样都很顺利的话，也可事事尽心。

综上所述，我们把握好自己心境的同时也要把握好自己的态度，这样就能把握住人生中的每个机遇。

实现理想要从最基础开始

一对富商兄弟要去邻国做纺织生意，他们率领着浩浩荡荡的人马前往邻国，途中，他们被一条湍急的河流挡住了去路。

这是他们第一次穿越国境，虽然事先已经叫人来探过路，但是没想到属下误以为这边会有船夫，一群人就这样望着河水束手无策。大哥非常生气，责骂属下办事不利。而弟弟则安抚哥哥说："我们不如先在这里搭上帐篷，然后想别的办法吧。"

半夜，哥哥被一阵声音吵醒。走出帐篷一下，发现弟弟正在指挥属下搭桥。

哥哥说："弟弟啊，等你把桥搭好了，别人早就不知道谈好几桩生意了。"

而弟弟坚持自己的想法，一定要把桥搭好，然后再去做生意。兄弟俩意见不和，第二天一早，哥哥就带着其他属下走别的路绕过河流。

一个月后，哥哥和弟弟竟然同时抵达邻国。哥哥非常惊讶，问道："你怎么会这么快？"

弟弟说："那条路确实是最短的，就是因为被河流挡住了，所以往来的商旅都会走另一条比较远的路。你用了一个月的时间走远路，而我用一个月时间为自己铺路。现在看来，我们所花的时间相同，但是长远考虑，以后我们就再也不用走远路了。"

还有一个故事。

有个年轻人告诉一位朋友，他想写一本科幻小说，说的头头是道，甚至连结局都已经想好。朋友十分高兴，鼓励他坚持创作。

过了一段时间朋友再问他时，年轻人告诉朋友自己遇到了瓶颈，没有灵感写不下去了。朋友建议他从最基本的人物设定与大纲写起。不要想什么写什么，要扎扎实实地去写，慢慢就会有成果了。听了这样的建议，年轻人很快就写出了自己的第一本科幻小说。

所以，如果你发现自己在人生道理上总是走远路，可以先问问自己：首先，你的桥是否已经搭好？其次，你的桥是否扎实？

很多事情都需要打基础。刚开始时会耗费许多时间与精力，但是最后你就会发现，这样做其实拉近了你跟成功的距离。

面对失望，学会忍耐和等待

有个年轻的姑娘，在一家便利商店工作。这天她刚进家门，就难过得泪流满面。原来，她打错了账单，尽管被另一位店员及时发现了，还是被老板骂了一顿。

她爸爸知道她想要辞职，就跟她说："爸爸知道你特别难过，平时工作特别努力，因为一点小错就被骂了。这样好了，先把辞职信放我这里，三天以后，假如你还是想辞职，再来找我拿吧!"

第二天上班时，老板对她还跟平时一样，好像昨天并没有发生那样的事情。她也冷静了下来，觉得没有辞职的必要，便不再想着辞职了。

又过了几天，店里来了一位蛮不讲理的客人，非要退货，还对她态度特别恶劣。因为总是遇到这样的顾客，她觉得自己很委屈。在气愤时，她又写了一封辞职信。这一次，她爸爸还是把信拿走，让她再想一想。

又过了一天，她生病在店里晕倒了。老板送她去医院还陪着打了点滴，之后又送她回家。同事们也都非常关心她，姑娘感动得忘记了辞职的事情。

就这样，几年过去了，她也升职当了店长。而当年跟她一起工作的同事，很多都已经离职了。

一位新来的同事问她是如何当上店长的。她想到了家里放着的那些辞职信，说："很简单，那些脑子里想的，不一定非要去做。"

人生就好比拼图。当看到逆境的这块时，我们总是不明白上天为什么要这样安排。一直到很久以后，这些人生阶段的拼图都被拼在一起成为美丽的图案时，我们才会明白，生命中发生的每件事都不是徒然的。而逆境，却是激发我们潜能的关键。

生命不像我们想象般美好时，我们要学会忍耐。现代心理学指出，成功人士除了拥有高智商、高情商，还要有超凡的逆境忍耐力。如果我们总是抓着伤害跟愤怒不放，那么生命状态也会失去平静安稳。

所以，别让自己被负面想法操纵。当我们心灰意冷的时候，要用正面的话语给自己正能量。输家往往是挫折的逃兵；而赢家，都会越挫越勇，拥有人生大智慧。

第四辑

未曾失言的人，不懂谨慎

　　我们每个人都是独立的个体，有自己的脾气秉性，有的人性格急躁，遇事容易着急，有的人心态豁达，凡事容易看开放下。其实，种种人生都是经历，懂得忍耐的人其实才会拥有更加广阔的天空。

谨言慎行，才能走向成功

有个男人特别聪明，反应很快，并且有极佳的口才，很多人都特别羡慕他能说会道。但是同样因为他特别善辩，所以总是会误伤到别人，时间久了大家都对他敬而远之。

由于大家都不太跟他交往了，这个男人就只好把所有的心思都用来学习。终于他完成了自己的梦想，考上了法律系。顺利毕业以后，又找到了不错的工作，当上了律师，他的好口才自此便有了发挥的舞台。

这名男子接手的案件，十有八九都可以胜诉，很快他就有了一定的名气，来找他当辩护律师的人越来越多，这么忙的时候他却主动争取了一个小官司，并且为了这个案件连续好几天都在加班。

有一天，这个男人在自己的办公室跟案件的委托人吵得很厉害。等到委托人气愤地走了以后，秘书才问道："律师，我看那个当事人并不领情，你怎么还这么费心帮他呢？这样的小案子交给别人就好了啊。"

律师一脸无奈地说："我真的非常想要帮他，我们以前是特别好的朋友。可是由于我年少轻狂，伤害了他，现在他都没有原谅我。"

"原来是这样啊。那么律师您是想通过帮助他打赢官司，缓和你们的关系吗？"

律师自信满满地说："是啊！当初我就是用语言伤害了他，现在我要尽力挽回，一定要替他讨回公道。"

律师做好充分的准备，尽心尽力为朋友辩护，最终为他曾经的好友即当事人打赢了官司，也赢回了他们的友谊。

太阳的光芒可以产生光明，也可以生成黑暗。这就跟人的性格是一样的，光明就好比一个人的优点，黑暗反之，就是一个人的缺点。而人的优点跟缺点不是一成不变的，就看我们从什么样的角度去解读。

假如优点运用不得当，就会瞬间变成缺点。要怎样发挥并且正确运用自身的优点，是对一个人智慧的考验。当我们了解并且熟知自己的缺点以后，美好的光明就离我们很近了。因为只有能将自身缺点认清的人，才有善用自己所擅长的能力。

忍住争辩，谨慎地控制情绪

在我们的日常生活中，总会遇到跟别人意见不一致的时候。这时经常会有人因为情绪不稳定而变得暴躁跟别人发生争执。发生这种事情的时候，如果能够忍住不去争辩的话，我们的情绪会得到很好的控制，如果没能忍住，那么坏情绪就会发展得特别迅速，最终无法控制，会引起更大的祸端。

大家要知道，忍下第一句争辩，对于任何一个人，特别是年轻人都是特别重要的。年轻人大多气盛，总想跟别人一争高下，但是一旦发生争执，就不能控制自己的情绪，严重的时候会酿成祸端，这是很可悲的事情。所以，学会忍耐对于年轻人来说是特别重要的事情。在我们的生活中，遇到跟我们意见相左的情况是非常正常的。很多人在这种时候都会与他人进行争辩，但是这并不是解决问题的好方法。因为我们在跟他人争辩的时候，总是会想尽办法证明自己是对的，而别人是错的，同时，随着争辩越来越激烈，情绪会变得不可控制。

首先，跟他人争辩不休的时候，其实自己已经输了。

有两位美国耶鲁大学的教授，耗费了7年的时间，做了一个实验，内容就是调查种种争论后的结果。例如，两夫妻吵架，店员之间的争执，售货员跟顾客之间的矛盾等。最后的结果证明，凡是去跟对方争辩的人，都无法在争论方面获胜。

事实上，争论的初期都是从一句话开始的，如果能在刚刚开始争论时就将其扼杀在摇篮里，后面的事情就不会再发生了。

其次，每个人都可以是我们的老师。

当我们的意见无法跟别人统一时，就应该虚心去听取别人的意见。每个人的脑力有限，并不能将方方面面都想到，而别人的意见是从另一个角度出发的，总会有可取之处。

当有人批评你时，不要因为话不好听就给自己找理由开脱，其实我们应该感激对方。如果你的说法或做法是正确的，而别人错了，也不要跟人一味争论，争辩是解决不了任何问题的，相反还会伤害两个人的感情，会给大家带来很多的不快。大多数情况下，没人愿意听到批评的声音，所以即使我们说的是对的，对方也未必愿意听。再者，在跟别人争论的时候，两个人都是互相敌视的话，总想要把自己的观点强加给别人，不去考虑对方的意见，这样必然会伤害彼此的感情，从而引发很多不必要的误会。

最后，学会耐心聆听别人说的话。

　　在我们与别人交谈时，会发现每个人的观点都是不一样的，当别人提出与我们不同的观点时，不能只是听了一点就开始与其争辩，我们要让别人有说话的机会。一是尊重对方，二是让自己能够多加了解对方的观点，用这些来判断观点是不是可取，努力增强了解，使彼此都能知道对方的意思。

　　在我们听完对方说的话时，先要想到的是去找你赞同的意见，看看是不是有跟自己想法相同的地方。假如对方的观点是对的，就要积极采纳，同时主动指出自己观点的不足和错的地方。如果对方的观点跟你不一样，也不要急着争辩，因为每个人的文化背景跟思想都是不一样的，所以观点不同很正常。

在冲动时喊停，"忍"字当头

　　每个人都了解，冲动是人类情绪的顽疾，众多的能人志士，因为冲动做出了令自己悔恨终身的事情。西方有一句古老的谚语是这样说的："上帝欲毁掉一个人，必先使其疯狂。"这句话告诉我们，想要做成大事，就一定要先克制住冲动。

　　在我们的生活里，总会遇到这样的情况：走在路上，会突然听到一个很熟悉的声音，在说自己的坏话；隔壁邻居在你休息的时候把音响开到特别大，等等。人在这时很容易愤怒，之后会做出让自己后悔的事情。

　　相信大家对被称为"乱世之奸雄，治世之能臣"的曹操并不陌生。

《三国演义》中有这样一段描述：曹操刺杀董卓失败后仓皇逃出京城，路上遇到陈宫与之结伴同行。两人到了成皋这个地方时，天色已晚，曹操用马鞭指着一户人家说："那是我父亲结拜兄弟家，现在很晚了，我们去借住一宿吧。"

这户人家的主人叫吕伯奢，等曹操两人到后，双方寒暄了许久，吕伯奢说："家里没有好酒，我去西村买点回来。"说话就骑着驴出门买酒去了。

曹操跟陈宫在休息的时候，忽然听到院子里有磨刀声。曹操为人生性多疑，赶忙走向院子，就听见有人说："捆牢再杀怎么样？"曹操听到这句话，拔出刀奔向厨房，顷刻间，吕伯奢一家八口人就被曹操全部杀掉了。杀完之后，曹操正要走出厨房，听见有哼哼声，回头一看是一头正要捆绑的猪。曹操顿时呆住了。

将吕伯奢一家误杀之后，曹操跟陈宫不能再在吕家待下去了，决定趁着夜黑赶紧逃离。两个把东西收拾好正要走的时候，吕伯奢买酒回来了。曹操担心吕伯奢带人来追杀他，狠心一刀将吕伯奢杀死了。陈宫不解，问他："既然知道是好人，还将他杀掉，这是陷入了多大的不义啊。"曹操虽然心里觉得内疚，但嘴上还是不服软，他说："宁可我负天下人，不可叫天下人负我。"陈宫听了曹操的话，觉得他太过残忍，决定离开他。

自此之后，曹操就落下了头痛的毛病，他总会梦到吕伯奢一家拿着刀来杀他，令他寝食难安。到后来，因头痛死去。

一个人如果做了亏心事，就算当时没有得到报应，内心也会永远不得安宁。

冲动会使人失去朋友，也会与成功失之交臂，会让人与人之间的爱减少，憎恨增多，假如仇恨越来越多，累积到一定程度就会一发不可收拾。如果双方都是冲动的人，那么一次小争执也会变成大事，小麻烦会演变成大麻烦。这样以来世界都会不太平。所以，我们应该把心放宽，有句俗话说得好："退一步海阔天空。"只要我们摆正心态，对于不顺心的事情都不放心上，那么人跟人之间一定会充满友善充满爱，那么憎恨与仇视就不会存在。

有研究表明，冲动是与生俱来的，它是潜藏在人类基因中的一种特性。在现如今这么快节奏的社会中，我们的这种本能显得比任何时候都要宝贵。不过，所有的事情都要有个限度，并且要看事情是不是正面的，值不值得我们那么做。

2004 年有一期《今日说法》，节目主题就是《冲动的代价》，令观众深刻体会到了冲动带来的严重后果。

陈志涛是广东佛山人，一天他开了一辆货车去佛山的一个养鸭厂。陈志涛买了一车的鸭子，想要拉到城里去卖，去城里的路上途经一个山庄的停车场。当时他开车从停车场左边开过去，到了停车场前需要向右转弯，但是由于车太大了，没办法转过去，陈志涛只好倒车，在倒车的时候他不小心将车棚撞坏了。因为着急去城里做生意，无奈的陈志涛只好拿出一千元钱赔给山庄。

陈志涛在城里把鸭子处理好之后，带着一肚子的委屈与愤懑回到家。他将自己的遭遇告诉了自己的哥哥陈志盛，说自己在外面被别人讹诈了。哥哥看到自己弟弟被人欺负，立刻带了几个哥们儿去找山庄老板算账，要回了那一千元钱。

事情并没有这样结束，几个月后，一辆警车开进村里将陈志盛带走了。最后法院判决陈志盛为入户抢劫罪，判处 10 年徒刑，留下柔弱的妻子与三个年少的孩子。

我们在日常生活中，都会有非常生气不理智的时候。但是我们要学着努力去克制。一时冲动以后付出十年的牢狱代价，多么的不值得。

我们要想克制冲动，最有效的办法就是提高自身修养，遇事三思后行，时时刻刻提醒自己要忍住。

　　三国里面的著名人物司马徽说："平庸的书生文士怎么会认清天下大势？能认清天下大势的人才是杰出人物。"说得特别正确，能认清时代潮流的人才是真正聪明能干的人。只有这样才能成为出色的人物，并且在认清形势下，能做到谨慎，使我们的人生智慧得到升华。

　　在春秋末年，长江流域有两个较大的诸侯国，一个是吴国，一个是越国。这两国为了争夺土地与霸权，总是交战。吴王阖闾战死之后，其子夫差即位，夫差发誓要为父亲报仇。经过努力，夫差终于将越国打败。越国国王勾践为了保全国家，不得已向夫差求和，夫差提出要求，要勾践与妻子到吴国当奴隶。勾践同意了，带着夫人和范蠡作为人质留在吴国，此后勾践，把治理国政的事情交给了文种。

　　勾践与夫人在吴国每天都要听从夫差的使唤，夫差出门勾践要牵马坠蹬，夫差回来后勾践要跪地迎接。勾践每天都干着奴隶做的粗活，打扫院子、清洗衣服，等等。甚至在夫差生病时，为了向他表示自己的忠心，勾践还尝了夫差的粪便，据说那样可以尝出病情。勾践就这样在吴国待了三年。夫差在这三年中，没有发现勾践任何的政治野心，也从来没有反抗过，就把他放回了越国。

　　勾践回国之后，励精图治，发誓一定要报仇。为了使自己记住曾经的耻辱，勾践每天都睡在柴草上，吃饭前都要尝一下苦胆，大臣们很不解，跟他说："大王无须这样。"勾践回答说："人一生绝对不能忘记两件事，一件是光荣，一件是耻辱。"

　　就这样，在勾践不断的努力下，越国变得越来越强大，终于有一天，越国有了足够的力量去抗衡吴国，勾践果断出兵，攻打吴国，由于平时越国军队训练特别严格，没多久吴国就战败了。就这样，越国胜利了，勾践也为自己报了仇。

　　从故事中我们可以发现，勾践在敌强我弱的情况下，能够识时务，懂得退而守之，真正做到了大丈夫应该做的。在吴国时，他把一切屈辱都埋在心底，忍辱负重，夫差终于被麻痹，最后将勾践放回越国。勾践回国之后，还是每天都睡在柴草上，把苦胆挂在房梁上，不管是睡前还是醒后，喝水或是吃饭他都要尝一下。就这样养精蓄锐二十年，终于将吴国歼灭，报仇雪恨，重振越国。

我们身边，也会有这样的故事发生，不过在不同的人手中会呈现出不一样的结果。有些人能在不幸的阴霾背后用忍耐坚强换取幸福，而有的人会因为不堪忍受重负以卵击石最后粉身碎骨；更加严重的，因为无法接受打击变得一蹶不振，变成不幸的奴仆，在苦难中堕落。

所以，在没有好时机时，要学会忍耐。能做到"忍"的人其实并不多，很多人在一切都很顺利的时候表现得豁达乐观，但是一旦遭遇困境，就会将怒气在一瞬间爆发。真正的英雄面对再大的困难都是可以忍受的，即使再难也不会悲观失望，不论什么时候都能从忍的角度看待自己、看待人生，并且积极地去改变现状。其实，保持遇事则"忍"只是一种思维模式的改变，一个人只要有"忍"量，就能一生都受益，拥有一个完全不同的人生体验。"忍"衍生行动，从而导致结果，用能"忍"的思维模式代替原始的思维模式，那么我们就会变得越来越强大，即使在人生谷底也能拥有不断向前的勇气跟力量，拥有了"忍"思维，我们就能成熟地面对生活中的任何困难。

当然，更要学会忍耐成功前的寂寞。凤凰涅槃，被很多人用来形容成功前的过程。离成功越近就会觉得越苦，同样忍受越久也就越能在埋头向前中体味一个人的寂寞与无助。这种孤独感，有的时候甚至比磨难和险阻更加令人难以承受。如果不能忍受这种寂寞，即使拥有再多气魄和能力，也不一定就能成功。

只有能够忍住成功前寂寞的人，才能抵达成功的彼岸。我们回顾历史，那些成功的人都是在经历过漫长的寂寞之后，才迎来成功的曙光。

面对困境时，我们总会倔强回击，希望以此来击退其对自我的干扰，但是有的时候现实却并不会因为我们这样就给我们一条大道。这个时候，只有更改面对现实的态度，才能使自己脱离不安的情绪，用忍耐换来明朗的人生。

我们不仅仅要学会面对与改变，同时也要学会在适当的时候屈就。有时候屈就并不等于软弱，相反它是一种人生智慧。将生活中的不如意放下，是为了把更多的精力放在改变现状上，避开负面情绪的干扰，我们的人生之路才能走得更加顺畅。

看淡流言蜚语，走好自己的路

20 世纪 60 年代早期，美国有一位特别有才华，曾经是大学校长的人去竞选美国中西部某州的议会议员。这个人资历特别高，为人精明能干，并且学识渊博，竞选胜算很大。

谁知，有个很小的谎言很快扩散开来：三年前，在这个州首府举行的一次教育大会中，这位先生曾跟一位年轻的女教师"有一点暧昧行为"。这其实是一个天大的谎言，而这位候选人无法控制自己的情绪，知道此事后的他非常气愤，并且极力为自己辩护。

此后每次集会，他都要为自己辩护，努力想要澄清事实，证明自己是清白的。

其实，选民们本来都没有听过或者注意这件事。可是随着他每一次的辩解，人们却越来越相信有那么一回事了。公众们有理有据地反问他："既然你是无辜的，为什么要这样百般辩解呢？"

事情发展到后面，这位候选人的情绪越来越坏，他声嘶力竭地在各种场合为自己鸣不平，谴责造谣的人。可是，这样却使人们真的开始相信谣言。最最悲哀的事情是，他的太太也相信谣传是真的，夫妻间的亲密关系也消失殆尽。

最终，他竞选失败了，从此变得一蹶不振。

流言其实毫无威慑力，只要你不理它，它就会自己消失，越是辩解就越如影随形。不论在什么环境下，我们都要做好自己的事情，不必去理会那些无聊的流言。

在一个村子里发生了一件奇怪的事，一位守寡多年的妇人突然生了一个孩子，由于老和尚曾经帮助过妇人，村子里的人就开始猜疑老和尚跟妇人有染。这个时候，妇人并没有去跟别人辩解，老和尚也用微笑回应人们的猜疑。谣言开始越传越烈，甚至都没有人怀疑它是假的。老和尚的名誉彻底被毁，连累他所在寺庙的声誉也一落千丈。妇人忍受不住压力，将孩子留下独自走了。这时，老和尚毅然承担起抚养孩子的责任。因为这个，人们更加确信之前说的事情就是真的。几年之后，妇人带着一个男人回来了，跟大家承认孩子的亲生父亲就是这个男人。老和尚的冤屈自然洗清。通过这件事，人们更加尊重老和尚，而这位老和尚还是用微笑回答人们的敬仰。

正所谓身正不怕影斜。对于那些没有发生过的流言蜚语，我们大可置之不理。不然只会给自己徒增烦恼。记住那句话："走自己的路，让别人去说吧。"

无谓的争辩让双方皆输

欧哈瑞从前是个极易冲动的人，没有受过高等教育，特别爱跟人抬杠，但是最后他居然成为了纽约怀德汽车公司的明星推销员。问他的成功经验，他是这样回答的：

"假如现在我走进顾客的办公室，对方跟我说：'你说什么？怀德卡车？我不喜欢，你白给我我也不会要的，我喜欢的是何塞卡车。'我会跟他说：'朋友，何塞确实挺好的，他们公司很棒，业务员也特别优秀。'这样一来他就没什么可说的了，也不会再跟我争论。如果他说何塞的车子最好，而我也跟着附和，那么他就只能住口。他总不能在我同意他的看法之后，还一直跟我说'何塞的车子是最好的。'接下来，我们就不会再谈何塞，我会为他介绍怀德的优点。要是我听了他的话就开始说何塞的坏话，那么我越说何塞不好，他就会越说它好，争论的结果就是使对方更加喜欢我竞争对手的产品。所以多次的失败经验告诉我，与其将时间用在与客户争辩上，不如先肯定他的说法，然后以自己产品的优点去打动客户，从而获得订单。"

本杰明·富兰克林说过："如果你总是跟人争辩，去反驳别人，或许能够偶尔获胜，但那是空洞的胜利，因为你永远都不会得到对方的好感。"

争论的结果大多是使对方更相信自己是正确的。通过跟人争论你不会成为赢家：假如争论的结果是你输了，那么你就是输了，即使赢了，其实你还是输了。因为你获得的胜利是要以对方承认自己错误为前提。你会让对方觉得难堪，并且伤害了他的自尊，他会怨恨你的胜利，因而也就不会帮助你实现目标。

林肯有次斥责了与同事发生争吵的年轻军官："那些想要有所成就的人决不肯在私人争执上浪费时间。争执的后果不是他所能承担得起的，而后果包括发脾气，整个人失去自制。当你遇到恶犬挡住去路时，聪明的做法是避开它。不要为了争夺路权跟它起冲突，如果被它咬伤了，即使把它杀掉伤口也还是会存在。"

要记住，永远不要与别人进行无谓的争辩，争辩的目的和理由只有一个，那就是胜利。在讨论中我们讲求的是客观事实与真理，而争辩只是主观上的理想，我们都要知道，世上没有谁能够从争辩中取得真正的胜利。

不懂谨慎，将造成更多祸患

在我们的生活中，总是会遇到这样的情况，两个人为了逞一时之气，都不谦让，最后出了事故。这又是何必呢？如果双方都能够退一步，就能将事故消弭于"无形"之中。所谓"忍一口气，风平浪静。"反之，就是那句老话"小不忍则乱大谋"。在这一忍一气之间，关系非常重大。很多时候，人会因为一时的无法忍受，酿成大祸。

战国时期，因为秦国势力最大，所以经常欺凌势力较小的赵国。一次，秦国想要找机会占赵国便宜，就要求赵国派使节来洽谈。赵王派蔺相如前去赵国，蔺相如不辱使命，用自己的聪明才智为赵国争回了很多面子。秦国见赵王有这样能干的属下，不得不对赵国刮目相看。赵王通过这件事发现蔺相如特别能干，就封蔺相如为上卿，官位在廉颇大将的上面。

赵王如此器重蔺相如，令廉颇非常不满，他想："我为了赵国经常在外出生入死，立下汗马功劳，而蔺相如仅仅只凭几句话就位居我之上，如果让我见到他，一定要给他难堪，看他能怎么着我。"廉颇越想自己越觉得生气。

廉颇的话被蔺相如知道后，蔺相如不想跟廉颇发生争执，就处处躲着廉颇，为了不在上朝时见到廉颇，他谎称自己有病在身不去上朝，蔺相如还对手下说："不要跟廉颇手下的人发生争斗，如果廉颇的车马走在我们前面，我们要让着他，从后面走。"

廉颇手下的人看到蔺相如如此惧怕自己的主人，愈加得意忘形，见到蔺相如的手下还不停地嘲笑他们。蔺相如的手下在外受了委屈，都回去向主人诉苦，蔺相如这么对他们说："我不是害怕将军，秦国势力那么强大我都不怕，何况是将军呢？你们想一下，秦国现在不敢进攻我们，就是因为朝中有我跟廉颇将军啊。如果我们争起来，那么肯定都不能生存，这样就正中秦国下怀。为了赵国与百姓，我忍让一点又算什么呢？"手下听了纷纷点头，按照自己主人说的做。

蔺相如说的话被廉颇知道了，他感觉非常惭愧，便整顿装束，脱掉一只袖子露着半个背脊，背着一根荆条，前往蔺相如家，到了那里，廉颇跪在地上请求蔺相如鞭打自己，原谅自己的无知。蔺相如紧忙将廉颇扶起，把荆条扔掉，请廉颇进屋坐下。此后，他们成了最好的朋友，一文一武共同辅佐赵王，秦国再也没有机会欺负赵国。这便是非常有名的负荆请罪的故事。

蔺相如就是没有逞一时之气，默默用行动说服了廉颇，才有了最后的负荆请罪。有时候，逞强并不能解决问题，反而会造成两败俱伤。我们都要学会去容忍别人，这是一种智慧、一种修养、一种境界，一种生存的哲学。

古人觉得，"忍"也是一门学问，虽然它的过程会痛苦，但是结果一定是对自己有帮助的。"忍一时之气，免百日之忧"，变成后人引以为戒的金科玉律。

如果我们容纳他人过失，那将是一种大家本色。是人都难免会犯错。每当这时，我们最希望的是能够得到别人的原谅，别人能够忘记我们带给他的不愉快。所以，当别人在无意的情况下冒犯了我们时，我们不妨换位思考一下，学着理解和原谅对方。一个人要是想有所成就，在人际交往中，就不能太看重得失。试着将眼光放得长远一些，让自己变得宽容博大，显示出一些大家风范，终会成就一番事业。

记得要常怀一颗容人之心。任何一个人都不是孤立地存在于社会中。我们希望得到友谊，希望在困难时能有人帮助，那么，我们就要广交人缘。想要做到这一点，一定要以宽大为怀，并且要以大局为重。要知道，没有人是没有短处的，只要你拥有一颗容人之心，人生之路必然会越走越宽广。

可以这样说，一个人的胸怀有多宽，他的事业才能有多广。有句话说的很对：能容人者众人归，在自己遇到困难的时候，才会有人帮助，才能化险为夷。

经常会有人说，人跟人相处是最难的，各种矛盾与摩擦总是会发生。任何事情都有两面性，矛盾的背后不只是一个人的原因，但是如果你能够主动谦让的话，就可以摆脱很多不必要的争吵与纠缠。我们一生都要经历三个阶段，少年、中年、老年。我们小时候，总是容易冲动，不撞南墙不回头。只有冲撞才会受伤，但是这也是好事，说明我们敢想敢做，敢于面对挑战，努力想去实现自己的价值。到了中年时期，由于受了太多的伤，就会反思自己从前的一些做法太过于激进。其实，忍让也是一种前进。有时候冷静下来，后退一步反而能够解决问题。等到我们老了，就会发现，少年的冲动与中年的忍让都变成了老年的顿悟：人生莫过于一个"忍"字。

不轻易争执，看淡一时输赢

老子曾说："夫唯不争，故天下莫能与之争。"我们总会遇到种种需要妥协的事情，那些懂得付出不去争抢的人，将来都会得到更多的东西。总也想要与人一争高下，不肯退让的人，生活也会带给他应有的惩罚。

有一天，张三穿着一身绿色的衣服来到孔子教学的地方。正巧遇到一位孔子的徒弟，那是一位少年，正在扫地。张三走过去对少年说："听说孔子是最有学问的人，那么他的徒弟肯定也很厉害，我来问你一个问题，假如你答对了，我就给你磕三个头，假如你没答对，你给我磕三个头。"少年说："行。"张三又道："问题很简单，一年有几季？"

少年想都没有想说："四季。"张三说："不对，一年有三季。"少年跟着说："四季。"张三说："有三季！"就这么一来一回，两人争吵不休，没有定论。

这时，孔子从里面走了出来，少年忙拉着师父说："老师，这个人非说一年有三季，我说是四季，谁错了就给对方磕三个头，您来给说说吧。"孔子听了之后，笑着跟自己徒弟说："你错了，赶紧给人家磕头吧。"少年特别吃惊，但是又不敢违背师父，就乖乖给张三磕了头。张三满意地走了。

少年心里委屈，嘀咕着说："老师，一年就是有四季啊，您怎么说我错了呢？"

孔子依旧笑着说："平时跟你们说，凡事不要跟人争，你不听，没看见这人的一身行头吗？很明显就是一个小混混，他不是要真理，就是想找人打架，你让让他，给他沾点光，他也就走了。但是假如你一定要跟他发生争执，肯定会吃亏的。"

说完，孔子就离开了，剩下少年在一旁思索。

几天后，少年上街买东西，远远看见两个人在打架，其中就有那天跟他争论的张三。那两个人打得鼻青脸肿，伤得挺严重。少年问身边的人发生了什么事，旁边的人说，因为争论一年有几季，打起来了。

少年顿时明白了师父说的话，心想还是师父高明，以后更加敬佩孔子了。

与人进行无谓争斗，即使赢了也跟输了没什么差别。真正有智慧的人，不会因为无谓的争斗伤害自己，明白这一点才能真正快乐。所以，有人跟你发生争执时，你让他赢就好，这个赢跟输其实都是虚无的。所谓的赢，并没有赢到什么，而你认输也不会有所损失。

我们经常会听到别人说："成王败寇。"用输赢来判定是否为英雄。想要赢得胜利是人的天性，但我们不禁要问：什么是输跟赢？成败其实是相对的，输赢只是一时的事情，古人说得好："莫以成败论英雄。"看世事，好似梦幻，任人生一度，人灭随即当前。

生活中，只要存在争，就会出现输赢。只要有输赢，就会产生伤害。我们都要与人为善，不应去争。要知道，不去争未必不是好事，毕竟"世事洞明皆学问"，这也是一种豁达的人生态度。

我们之所以总会感到生活不易，其实就是争强斗胜惹的祸。人总是想方设法想要去赢，而不去思考自己到底是不是真的喜欢，变成了输赢的奴隶，将人生中真正重要的事情忽略了。有大智慧的人总会说："放下输赢，你就赢了。"竞赛的输赢只是一时的，真正能让人肯定的，是对他人贡献最多、活得最精彩的人。人生中，输赢其实只是一种形式，没有好坏之分。放下输赢之后，我们反而就赢了。

我们偶尔会看到，有些人因为放不下输赢，所以在人生的关键时刻一败涂地。若能将输赢放下，就能平安自在。不要去在意一时的得失，是一种特别高的智慧。人人都拥有这种智慧，用心找就能够找到。有位外国名人曾这样说道："恨不消恨，端赖爱止。"与人激烈争辩不会消除误会，我们应该用宽容同情的眼光去看待别人的观点，靠技巧与协调与人相处。

永远不要跟他人没完没了地争执，那样只会让对方比以前更相信自己绝对正确。林肯曾经这样说过："那些决心要成就一番事业的人，决不会在私人争执上消耗时间，争执的后果，不是他所能够承担的。而后果包括发脾气与失去自制。我们要学会在跟别人拥有相等权力的事物上进行让步，而那些明显是你对的事情，就少让一点。说的通俗一些，与其跟狗争道，被狗咬了，不如让它先走。因为即使你杀了它，也还是被咬了。"

林肯用经验告诉我们：与他人争论，你永远赢不了。想一下，输了就是输了，即使赢了实际也还是输了。因为如果你的胜利使对方的论点变得一文不值，证明对方一无是处又能怎样呢？你会自鸣得意，但是对方呢？你伤害了他的自尊，他也会对你产生怨恨。而且，即使一个人嘴上服了你，心里也不一定服你。这又怎么能算是赢呢？放下争执，让自己安得自在，这其实也是"赢"的一种。

关上耳朵，才能远离是非

人活着，就会遇到一些口出恶言，爱搬弄是非的人。这个时候，保持平和与宽容的心态是非常重要的。如果与那样的人斤斤计较，就会扰乱我们的心境，不单会制造麻烦，还会给自己增添许多烦恼。所以，要学会避开那些流言蜚语，学会用沉默去回击，也算是上策。

唐代杰出的政治家狄仁杰在武则天当政时期担任宰相，他以不畏权贵著称。狄仁杰敢于违抗君王之意去挽救无辜，他特别体恤百姓，始终将人民的忧患放在心上，被后人称之为"唐室砥柱"。

公元 690 年，武则天以周代唐，自己当了皇帝。那时狄仁杰的才干与名望已逐渐得到武则天的赞赏与信任。公元 691 年 9 月，狄仁杰当上宰相，身居要职。即使做了宰相，狄仁杰仍然谨慎自持，从严律己。

一次朝会之后，武则天留下狄仁杰问他："你在豫州做官的时候，有人呈上奏折诋毁你，你想知道是谁吗？"狄仁杰说："禀皇上，臣不想知道，如果臣真的有不对的地方，那么请陛下指出，臣愿意改进；如果陛下认为臣没有做错，那就是臣的大幸了。臣没有必要知道谁在诋毁臣。"

狄仁杰回答的非常坦荡，言语之中不仅赞美了武则天，又表明自己不计私仇的处世态度，同时避免了得罪小人，免得产生不必要的麻烦。

作为 21 世纪的现代人，我们还是能够领会到狄仁杰智慧的火花。从古至今，谣言从没有间断过，许多人因为不堪其扰，与造谣的人闹得不可开交，更有严重的，因为不能忍受诽谤而变得抑郁，甚至轻生。这些人根本都没有领悟到是非每天都有，不听自然就不存在的道理。

一个人境界高低与否，并不在于他的成就有多大，而是在于他平时的修养有多高，一个人如果能够做到不管什么时候都对他人的流言蜚语淡然处之，就能达到一个很高的境界。

在生活中，总会出现这样的情形，两个不分彼此的好友在面对流言时，很少有人能做到心如止水。质疑的目光会令好友受到伤害，对方又怎么可能回报你忠诚和信任呢？假使你一再刨根问底，就会硬生生推远好友。更可悲的是，这样的结果正是造谣的人想要看到的，变成了他的笑料，而你还什么都不知道，甚至会对他心存感激。这是人的愚昧导致的，我们总会在电视剧里看到奸臣当道，忠臣反而被诬陷，我们看得着急气愤，可是不曾想，我们现在扮演的正是奸臣的角色，我们深陷其中却一点都不自知。如果我们可以做到不听是非，在流言面前做到不动声色，就不会出现不堪的结局。

面对别人的是非，我们要做到无视，更要懂得不随便搬弄是非。老话说的好："静坐常思己过，闲谈莫论人非"，讲别人的是非原本就不道德，更何况挑弄是非还会引起不可想象的后果。俗话说："好事不出门，坏事传千里"。你说别人什么，不管怎样都会让当事人知道，于人于己都没有好处。

拥有一颗宽容的心，就能减少许多的烦恼；心态豁达，就能得到更多的欢喜。让谣言不攻自破，愿我们都有一双慧眼，一颗慧心。

第五辑

未曾跌倒的人，不懂坚强

我们人人都渴望成功，希望享受成功带来的喜悦、荣誉与种种附加值。但是在前往成功的路上，并不是那么一帆风顺，我们会遇到各种各样的挫折、迷茫、困难与险境，但是跌倒了并不可怕，关键是看我们能不能重新站起来。

即使跌倒，也不可软弱失格

我们都不喜欢得意忘形的人，那么失意的人"变形"时，大家又是什么态度呢？许多人在失意之后会变得极度懊恼沮丧、变得悲观厌世，这是令人厌恶的。人们为什么会对他们产生怜悯之心呢？让人觉得可怜的并不是失意者到底有多么悲惨的境遇，而是失意的人再也没有办法振作精神。

一个人失意之后，不应该失格、失去风骨，更不应失去高洁。我们都是平凡的人，对待名利不可能不动心。但是有追求的人都会从失败中寻找原因，努力完善自己，应当可以经受得住打击，并且可以承受寂寞耐得住考验，最不应该的就是变成一个沮丧颓废，甚至失去尊严的人。

有个姑娘，年轻漂亮，莫名被老板辞退了，失业后的她神情沮丧地在公园里四处游荡。走了一段时间，她在一条长椅上坐下，自己一个人黯然神伤。

由于深陷在自己的情绪中，这个姑娘并没有注意到一个小男孩已经在一旁盯着她看了很久，而且一脸等着看好戏的表情。听到小男孩的窃笑声，她连忙检查自己是否有异常，没有发现什么之后问那个男孩："小家伙，你笑什么呢？"

"你现在坐的长椅早上刚刚刷过油漆，我想知道一会你站起来的时候背后是什么样子的。"小男孩一脸期待的神情让姑娘更加生气了，但是，她好像突然明白了什么，脸上的表情立马轻松了。

那些平日里对自己冷嘲热讽的同事，不都正像这个可恶的小家伙一样躲在自己的身后希望看到自己低沉的样子吗？所以，我一定不能让那些想看我笑话的人得逞，失去工作又有什么值得懊恼的呢？不能因此失去自己的志气与尊严，这次的事正好给了自己一个重新开始的机会。想到这里，她想出一个好办法来"对付"这个小捣蛋。她兴奋地指着远处的天空说："看呐，那边有特别漂亮的风筝。"小男孩听了马上转身去看，但是天空除了几片云彩什么都没有。小男孩发觉自己上当了，转过脸来时姑娘已经脱掉外套了，现在穿着天蓝色衬衣的她看上去更加美丽了，小男孩失望地离开了。

当你坐到油漆未干的椅子时，是像姑娘一样潇洒地站起来，还是恼怒谩骂呢？

遭遇失意时，不要沮丧，要用"猝然临之而不惊，无故加之而不怒"的心态去面对。将失意放下，你就会发现，眼前依旧有明媚的风光，新生活随时都可以开始。

用洒脱的心态面对自己遭遇的失意，不在失意的时候失格，这样的人才可以去主宰自己的人生。在失意的时候，我们用健康的心态去面对。可能很多人无法理解笑看失意的真意，但实际上，失意的时候，哭是没有用的，倒不如打起精神去接受命运的挑战。

相信大家都知道丹麦伟大的童话作家安徒生。世界上没有哪个孩子不为他描绘的童话世界着迷。但是如此著名的作家也遭遇过许多的不如意。

安徒生出生在一个鞋匠家庭，从小住在贫民窟。14岁时，安徒生就外出谋生，他在少年时代就喜欢舞台剧，想着有朝一日去当歌唱家、演员或者剧作家，但是，所有人都嘲笑他，说他是精神失常的小乞丐。后来，安徒生在家具店做学徒，受尽欺凌。他曾经尝试过写剧本，不过那个时候，许多人都嘲笑他，侮辱他。

别人的侮辱深深地刺伤了安徒生，可是他并没有因此垂头丧气，也并没有因此绝望，而是不断努力，向别人证明自己，最终他实现了自己的梦想，成为了闻名于世的童话大王。

"人的一生，不会总是一帆风顺与美妙动人的。"苏联教育家苏霍姆林斯基说。

有句俗话说的好："人生不如意之事十之八九。"这样的人生是不是就是毫无希望了？其实不是的，还有一句话叫做"好事多磨"。我们要从心里相信：失意是一种磨炼的过程，这样心即使在严寒下也不会变凉。

人生道路上布满荆棘，但是，我们应该选择在荆棘中开出灿烂的花朵，而不是被荆棘掩埋。

面对失意的时候不能失态，面对失意的时候要淡然处之，面对任何人事都要不卑不亢，或许会有更好的结局。我们每个人的一生，都好比走在一条长长的路上，难免会有崎岖坎坷。有的人能够走到想要到达的终点，有的人在中途就迷失了方向，有的人在遇到困难后就变成了祈求别人施舍的乞丐。的确，失意会给人带来痛苦，但比失意更加痛苦的是失格，而不是失意带来的损失本身。所以，失意到来时，应该更有尊严，更加努力向前走，因为前方会有成功在等待。

放低身段，才能避免跌倒

有钱、有权、有地位或者其他什么原因，都有可能让一个人与普通百姓区分开来，因为那个人有他们所没有的东西，因此就不能和他们平等站在一起。不过，要知道，当一个人身居高位俯视下面的时候，下面的人没有多少会面带微笑持久地仰视那个人。确实，当我们试着扬着头看某种东西时，都会很不舒服，甚至会累坏你的脖子。所以，人们并不是十分乐于去注视高处的东西。当一个人高高在上时，理所当然地不会有过多的人真心去关注他。这个时候，不妨放低位置，反而可以引起大家的重视与尊重。

美国第 26 任总统名叫西奥多·罗斯福，作为总统，他有着惊人的成就，但是他却从来都是平易近人的，对包括在自己仆人在内的所有人都是如此。正因如此，他深受人们的爱戴与欢迎。他的男仆是个黑人，叫做詹姆斯·亚默斯，曾写过一本关于他的书，书名为《西奥多·罗斯福，心目中的英雄》。詹姆斯·亚默斯在那本书里写了这样一个感人的故事：

"一天，我妻子问总统美洲鹌鹑长什么样，因为她没有见过鹌鹑。罗斯福总统非常有耐心地详细跟她描述了一下。没有几天，我家来了电话，我妻子拿起电话一听原来是总统亲自打来的。总统之所以打电话来，是为了告诉她，她的窗外现在有一只鹌鹑，如果她望向窗外的话，就可以看见了。罗斯福总统总是会做出这样的小事情。每次他经过我们的小屋时，就算没有看到我们还是会轻声叫出：'安妮，安妮！'或者'嗨，嗨，詹姆斯！'这是他常用的友善的招呼。"

罗斯福这样的总统，有谁能不爱戴他、不喜欢他呢？这个故事也告诉我们，不管自己的地位有多高，都不要张扬卖弄，虚荣的表现只能被别人鄙夷。将自己的身段放下，让周围的人都能感到跟你是平等的，反而会提升自己的价值。

罗斯福总统卸任之后有一天造访白宫，正巧塔夫特总统和他的夫人外出，他们都看到，罗斯福非常真诚地对待每一位仆人，他和他就任总统时的随从，甚至是做杂役的女仆打招呼时，能叫出他们每个人的名字。

亚切特·白德曾经有这样一段记述：

"罗斯福看到厨房女佣人爱丽丝时，真诚地问她是不是还烘制玉米面包，爱丽丝说，偶尔会为仆人做一些，楼上的人都不吃了。罗斯福不平地说：'这些人真是没口福，等我见到总统的时候，我会这样告诉他的'，爱丽丝去厨房拿出一块玉米面包递给罗斯福，他一边走向办公室一边吃，在经过所有仆人身边时，都热情地和他们打招呼。

"他对待所有人都还跟曾经一样，老佣人艾克胡福眼中含着泪说道：'这是我们从来没有过的快乐的日子，我们每个人，就是有人拿一百块钱，我们都不会去换。'"

罗斯福总统之所以受大家的爱戴，就在于无论他处在多高的位置，都用心对待别人，与他人交往时很亲切友好，并且尽可能满足对方的愿望，尊重他人的劳动。

当那些高高在上的人不在意自己的优越感、尊贵感与荣誉感的时候，人们会更愿意跟这些人亲近，也会越发感受到这些人的身份、优越与荣耀，这样便有可能让大家发出这样的赞叹："天呐，这就是大名鼎鼎的某某某啊！"

也是因为肯放下身段，跟大众融合在一起，大众才能感受到其与众不同的那一面。所以，在得意的时候，不管自己有多优越，都要学会将身段放下，这样身价才能更高。

伊利亚博士是哈佛大学的某任校长，他对别人提出的问题从来都是非常关心，并且表现出极大的幸福，正因如此，他在学校里受到了每一位师生的爱戴。

有一个名叫可列顿的大一学生去校长室申请50元贫困学生贷款，后来这名学生是这样描述这件事情的：

"贫困学生贷款申请到之后，我心里万分感激，正要走出校长办公室，伊利亚校长叫住我说：'请你坐一会，听说你自己在宿舍做饭吃，如果那样你能吃得适宜并且充足，我认为那对你来说是好的事情。我上大学时也这样做过。'我听了校长的话感到非常意外，紧接着他又说：'你会不会做肉饼？如果肉饼做得又烂又熟的话，特别的美味，过去我就十分喜欢吃。'后来，校长还非常详细地跟我讲解了肉饼的做法。"

高贵的人将身段放下，并不会变得卑微，反之，很可能因此增加人们对他们的崇拜。他们将自己的人生与周围的人都融合在一起，所以人们就更加尊敬他们。

懂得放低姿态，不张扬，并且谦虚谨慎，不仅能得到大家的欢迎。同时也是一种隐藏自己真正实力的心理策略。

不容易给自己树立敌人的方法就是不争强好胜，不引人注目，不狂妄自大，对待他人能够谦虚忍让，用平和的心态去跟其他人相处，同时这也是有涵养的表现。

跌倒不可怕，逆境也有转机

英国散文作家威廉·科贝特同时还是一位政治活动家和政论家。《政治纪事报》就是他创建的，他是资产阶级激进派的著名代表人物，曾经为英国政治制度的民主化进行斗争。

威廉·科贝特出身于普通的农民家庭，有八年的时间，他都是在家里跟着黄牛在犁地。不过，年轻的威廉·科贝特早已厌倦了农民那种沉闷与单调的生活，他一直在寻找机会到外面更为广阔的天地去闯荡一番。

终于，有一天他只身一人来到纽约，在法院里做了八九个月抄写文件的工作。在此之后，他又应征入伍，参加了步兵团。参军的第一年，他成为一个流动图书馆的常客，经常如饥似渴地读书。

威廉·科贝特开始学习英语语法的时候，俸禄仅仅是 6 便士。那个时候，他在专门为军人休息提供的临时床铺边学习。一年内，他都没有买过任何一样学习工具，因为他根本就没有钱去买蜡烛或者灯油。特别冷的冬夜，他只能靠着火堆看书，这样的机会也并不是每天都有，只有轮到他值班的时候才行。那时，威廉·科贝特常常为了买一只铅笔或者一叠纸节衣缩食，那个时候的威廉·科贝特总是处于半饥饿的状态。

在他学习的过程中，根本没有一个良好的学习环境，也没有任何属于自己的时间。他只能在战友们谈话与口哨声中、粗鲁的玩笑与喧嚣的叫骂声中努力使自己静下心来学习。

不论是一瓶墨水、一支笔还是一张纸，想要得到它们威廉·科贝特都要付出特别大的代价。他要从自己少得可怜的工资中拿出大部分的钱去买这些东西。一次，他在市场买完自己的学习用品之后，只剩下半个便士。他打算第二天一早去买条鱼，当天就只能饿着肚子躺在床上，当时他觉得自己马上就要饿晕了。

更加不幸的是，当他脱下衣服时，发现那半个非常重要的便士已经不翼而飞了。那个时候的威廉·科贝特为了半个便士，把自己捂在被子里像个孩子一样号啕大哭。

即使环境如此艰苦，威廉·科贝特依然积极坦然地面对生活，在逆境中不屈不挠，坚持着追求成功。终于，他成功了，后来马克思将他称作"大英国最纯粹的体现者和英国最英勇的青年创始人"，他的作品都有非常深刻的思想，文笔朴实，在19世纪浪漫主义美文风靡的时候给大家带去了18世纪的朴实之风。

已经走出逆境的威廉·科贝特说："如果说，我在那样贫苦的现实中都能够成功的话，那么现在这个世界上还有哪个年轻人能够为自己的碌碌无为找借口呢？"

不管多大的困境，都会好起来的，同样再痛苦的经历也都会成为过去，人生不会一直都是阴天，总会有放晴的时候。

逆境也同样，总会有转机。每个人都有自己的理想与目标，为了实现目标，我们经常会在努力奔跑的时候摔倒，摔得鼻青脸肿甚至骨折。这些挫折虽然令人痛苦，但是却能增加人生的"财富"。没有挫折的磨炼，成功看起来就会显得非常单薄。挫折最终的结果就是成功，那么，你是选择正视它，克服它，还是选择无谓地沉沦下去呢？要知道，不同的态度，就会造就不同的人生。

在德国，曾有位研究药物的专家，他为了发明一种专治梅毒的药物，屡次实验，屡次失败。失败几百次之后，他都没有气馁，不断地去总结经验，不断的做实验，在经历了 605 次失败之后，终于在 606 次实验中获得了成功。后来，人们将这种药物命名为"606"。我们每个人，只要有目标，只要不怕挫折，在挫折面前做到百折不挠，必然会看见雨后绚烂的彩虹。

别再去抱怨雨天，没有雨水的浇灌种子就无法发芽，成功的树木就无法生长。遇到挫折时，不要躲避，这才是成功的前提，同时也是成功的一部分。

经历过困境与磨难的人生才是完美的。一位名人曾说过："苦难是一生的镇舱之物，没有那些苦难，人生这条船很轻易就能在人生的远航中沉没。"所以，幸福会化装成困难，藏在我们身边。

挫折是选择题，选择由自己

有一家公司，业绩发展到一定程度后遇到了瓶颈，公司决定挑选五组人去国外另辟市场。有一位年轻人被选中了，立即被派到国外去工作。

这个年轻人从来没有离开过家乡，得知自己要去国外之后整天都忧心忡忡，几乎到了茶饭不思的地步。他的祖母是非常有智慧的人，见他每天都愁眉不展，就开导他。

老祖母说："我的孩子，其实没什么好担心的。去了那边，你会有两个机会，一个是被分派到南部的沿海地区，另一个是西北内陆地区。假如你被分派到南部的话，就离家乡很近，根本没什么好担心的。"

年轻人说："要那是被派到内陆去呢？"

老祖母说："那样的话还是有两个机会，一个是做内勤，一个做外勤。如果你刚好被分派做内勤工作，就不用担心了。"

年轻人这时又问："可是被分去外勤职务怎么办？"

老祖母："跟前面一样，还是两个机会，一个是前面当前锋，一个是后卫。假如当后卫的话，压力会小一些，也不用担心呐。"

"那么万一是前锋呢？"

"还是有两个机会，一个是你在那边开拓事业时发生了变故，另一个是你成功地开拓了市场，荣归故里，还会受到嘉奖。"

"要是我有变故呢？"

老祖母："同样还是两个机会，一个是受了轻伤被送回家乡，还有一个是受了重伤可能不治。你要是因为轻伤被送回家乡，也就不用担心了。"

听到这里，年轻人恐惧地颤声问："那……要是我受了重伤呢？"

老祖母大笑："那样的话，你人都已经不在了，还有什么可担心的呢？倒是我，应该要担心，白发人送黑发人的痛苦是很难过的。"

上学时，很多人都不喜欢写问答题，喜欢答选择题。因为，选择题里肯定会有一个正确答案，就算问题不会，也有机会猜到正确答案。

我们在生活中遇到难题时，要是可以放宽心，假想自己面对的是"选择题"而不是"问答题"，也许就不会慌张了。因为有选择的机会，就会多一些面对未知的勇气。

跌倒不忧心，坚强中等转机

一天，鲁宾斯下班后打车回家，一坐进车里，他便感受到这位司机是一位乐观积极的人。因为，这位司机先生一会儿吹口哨，一会儿播放《窈窕淑女》的插曲，看上去心情非常好。

见到司机先生这么快乐，鲁宾斯羡慕地说："你心情很好啊！"司机先生笑着回答："是啊！干嘛心情不好呢？"鲁宾斯听了以后也微笑着回应："说的是啊！"之后司机先生又接着说："其实，之前我悟出了一个道理，情绪暴躁或者低落对自己一点好处都没有，况且，凡事都会有转机的。"

鲁宾斯很好奇，问司机先生"这话怎么说？"司机缓慢地说："一天早上，我跟平时一样开车出门，本来想要趁着早高峰多赚一些钱，但是情况跟我想象的不一样，加上那天天气不好，车子上路没多久竟然爆胎了，当时我整个人情绪都低落到谷底。接着我开始修车，换轮胎，但是因为天气实在太冷，我很难把轮胎换好。"司机停顿了一会，又接着说："正在此时，有个路过的卡车司机从自己的车上下来，什么都没说就过来帮我，而且都不用我再动手，这个陌生的卡车司机很快就帮我把轮胎换好了。当时我非常感激他，想给他酬劳，但是他轻轻地挥了几下手，开着卡车离开了。"

说到这里，司机先生又笑了，继续说道："这个陌生人帮助我之后，一整天我的心情都非常好，也让我开始相信，人不会永远倒霉下去。在轮胎问题解决后，好像我的心也打开了，并且好运也随之而来，那天早上乘客接连不断，生意比其他人多出了一倍。所以，当麻烦来临时，不必心烦，生活不会让我们永远都不如意，事情总会出现转机的！"

"生活并不会永远带给我们不如意，要相信事情总会有转机"其实也是一种乐观的心理暗示，司机先生明白了这个道理，他的心中当然充满了自信，他懂得了，人生好比日出日落，黑暗过去后黎明总会到来。所以，面对生活积极乐观的人，都会相信机会随时会出现，即使遇到困难也不会埋怨，因为他心里明白，风雨过后会有彩虹出现，既然好运总会到来，就不用给自己平添烦恼。大家觉得呢？

你是否还因为眼前的不顺烦心？别让一时的不如意困扰你，试着笑一笑，你会发现任何问题都会有解决的办法。地球永远都在转，未曾停止，我们面对的问题也是这样，凡事都会出现转机，只要能乐观地去面对，总会等到好运。

有了失意，才有机会去挑战

有时候，失败会变成一种资本，它可以成为我们走向成功的基石。虽说挫折会带给人痛苦，但是没有挫折的人生，既不丰富也不完整。温特·菲力是世界著名成功学大师，他曾说"失败是走向更高的开始"。面对失意，换一种方式去看待，或许它就不再那么令人痛苦。

廖容典是美国国际投资顾问公司的总裁，他有一个很有名的百分比定律。廖容典认为，假如你见了 10 位顾客，但是只有第 10 位顾客与你签订了 200 元订单，那么你会如何看待前九次的失败？

廖容典是这样解释这件事的："要记住，你之所以能赚到 200 元，是因为你会见了 10 位顾客才产生的结果，并不是只要见到第 10 位顾客就能赚到 200 元，应该看做每个顾客都让你做了 20 元的生意。因此，每次被拒绝的收入是 20 元。当你被拒绝的时候，想到虽然他拒绝了我，但是我还是赚了 20 元，就会面带微笑了。"

与廖容典有相似观点的还有日本日产汽车推销王奥程良治。一次，他在一本汽车杂志上看到一组数据：日本汽车推销员拜访顾客的成交比率为三十分之一，换句话说，拜访的三十个人中，总会有一个人买车。看到这个信息的奥程良治颇为兴奋，他觉得只要锲而不舍地连续拜访二十九个人之后，第三十个就是他的顾客了。最重要的是，他觉得不但要感谢最后一位买车的人，还要感谢之前那些没有买车的人，因为如果没有前面那二十九次失败，又怎么会有第三十次的成功呢！

从中我们不难看出，每次失败都是成功的一份子，它们对于成功来说必不可少。所谓的失败，都只是在奔向终点的时候不慎摔了一跤，最重要的是你要重新站起来全力奔跑。只有这样做，之前的那些失败才会被赋予深刻的意义。

面对挫折，那些成功了的人都懂得将自己的心放在暖房里，他们懂得告诉自己："所有的失败都只是暂时的。"一个真正成功的人，不仅能够经得起成功，还能够经得起失败。不会被任何一次挫折打倒，屡战屡败还是不放弃，这样才能支持你继续努力向前。

千万不要使自己陷入失败那痛苦的旋涡中。克罗克是"麦当劳"的创始人，他是在 52 岁的时候才开始创业的，并且失败过很多次，但他总说："当错误发生的时候，总会令人莫名痛苦；但是日积月累，这些错误都会被我们称之为经验。"

成功的人之所以可以成功，就是因为他们不会一直让自己停留在失败的那一刻，而是勇敢地面对失败，并且想办法超越失败，在失败在后来成功的映衬下变成经验。他们正是拥有了这样好的心态，才会不懈努力取得成功。即使经过那么多次的失败，也不去在意。

埃德温·兰德在创业初期推出了很多汽车用品，但是却一再被市场拒绝。不过，他并不没有因此怨天尤人，而是冷静反思失败的原因，终于，他研制出风靡世界的一秒钟相机和即时显影技术。

很多人的一生都不会体验破产是什么样的感觉，但是汽车大王亨利·福特在成功之前，曾经历过两次破产。他说："实际上，失败只是提供更明智的起步机会。"

我们要懂得，失败只是更聪明的开始。当挫折来临，要记住失败是进一步成长的机会，让自己的心逐渐成熟，走过成功道路上的严冬，待到了春天，它还是会变得富有活力。我们不能去避免失败，但是可以决定失败最终会是过程还是结果，能决定自己在失败中是被动还是主动。

当我们遭遇挫折时，不要趴在那个自己跌倒的地方不起来，不要对自己失去信心。要相信，所有的失败都只是暂时的，成功就在前方。失意的时候，不要放在心上，我们都应该接受失意。对待失意，要保持一种健康的态度，不要恐惧失败，不要让自己全部的注意力都放在失败跟错过上，而是要明确自己的目的地，避免在此走入失败的陷阱。

承受打击，坚强是人生的常态

我们所有人都希望自己是一帆风顺的，可以做正确的事情，得到应该有的赞赏。但是，人生事不如意十有八九。错误远比正确要多，比赞赏更多的是打击。可以这样说，错误跟打击，也是人生的常态。正确跟赞赏，都是因为难得才显得可贵。我们在思考怎样正确做事之前，还要知道怎么样应对错误。在享受之前，要了解如何承受打击。

要知道，幸运只是一时的平静，不能确保长途航行永远安全。人生这叶扁舟，难免会遇到险境，这就需要我们在错误跟打击中磨炼技巧，同时积累经验。缺乏对于错误的反省与对于打击的抗争的人生是不完整的。

几乎全世界的人都知道诺贝尔。他因为发明并且经营生产炸药、雷管而成为富豪。

诺贝尔小时候家境并不好。父亲为了一家人的生计孤身一人前往波兰，但是还是没有谋得好职业，后来又去了俄国。由于生活特别艰苦，诺贝尔一直瘦弱多病，总是感冒、发烧，母亲总是为他担心。到了8岁，诺贝尔在镇上的一所小学读书，因为身体不好常常请假。即使这样，天资聪颖的诺贝尔不但成绩没有落后，反而比其他同学更加优秀。

诺贝尔9岁的时候，他的父亲从俄国来信说，他已经在圣彼得堡开设了一家制造军用机械的工厂，俄国对他特别重视。父亲让全家去俄国定居。这年的12 月 22 日，也就是诺贝尔 10 岁生日那天，全家人乘坐轮船过波罗的海向圣彼得堡出发。

到了俄国，诺贝尔跟哥哥们到父亲的工厂去，他经常被那些转动的机器吸引，但是更吸引他的是装入的火药。那个时候的火药，不管是用手枪炮或水雷，都是黑色的。诺贝尔偷偷带了一些火药回家，为了不让爸爸看到，他总是把火药粉放在纸袋中偷偷带走。

诺贝尔用自己偷偷带出来的火药做烟火，又模仿父亲的发明，尝试着做地雷，一次，诺贝尔差点把自己炸伤，父亲知道后再也不准他玩火药，但是，这并没有阻止诺贝尔对炸药发明和改良的追求。

时光飞逝，诺贝尔 17 岁了，他第一次离开父亲，去了美国，投入到大发明家埃里克逊门下。一年之后，诺贝尔辞别埃里克逊，离开美国踏上归途。此后，诺贝尔在学习法语时认识了一位漂亮的姑娘，他们一见钟情，彼此深深爱着对方，并且私定了终身。但不幸的是，诺贝尔深爱的姑娘不久竟然因病去世了。这个巨大的打击令诺贝尔伤心不已，但是并没有动摇他发明创造的决心。

待姑娘的葬礼结束之后，诺贝尔就离开了这个让他心碎的地方，回到他人生的第二个故乡圣彼得堡，专心致力于自己的事业。他每天都进行大量工作，终于积劳成疾病倒了。家人想要他去乡下静养，可是诺贝尔却坚持去德国，他想要利用这个机会去学习德语，因为他认为德国有最好的化学技术。就在这个时候，俄国和英法联军交战，诺贝尔家的工厂开始大量生产水雷，并且供不应求。在这样的情况下，诺贝尔父子开始了新的实验，细心研究硝化甘油。硝化甘油呈液化状态，稍有不慎就会发生可怕的爆炸。

俄国最后还是战败了，诺贝尔家的军事工厂因此陷入了困境，不得不停产。诺贝尔的父母带着他的弟弟回到了瑞典，诺贝尔与两个哥哥依然留在圣彼得堡。原本是他们家的工厂换了新老板。诺贝尔因为改良的晴雨表、水计量表并且获得了专利，受到新老板的器重。这时的诺贝尔决定继续研究硝化甘油。

经过反复试验，诺贝尔终于发明了"雷管"，这一发明使得硝化甘油能够安全地使用于矿山、隧道等工程。

诺贝尔和父亲在瑞典斯德哥尔摩郊外筹建了一个小型试验工厂，就是诺贝尔火药工业公司的前身。1863年，诺贝尔30岁时，火药工厂开始制造硝化甘油。诺贝尔的弟弟埃米尔也非常喜欢研究炸药，每天都泡在工厂里帮助父亲跟哥哥。在9月3日这天，由于大意，工厂突然发生爆炸，诺贝尔跟父亲赶到工厂时，那里已经变成了一片废墟。他们在灰烬中找到了五具遗骸，其中就有诺贝尔最疼爱的弟弟。

事故发生以后，父亲因脑溢血而病倒，母亲终日以泪洗面，诺贝尔也陷入了悲痛之中。但是，诺贝尔在伤痛过后决定重新奋起，并且立下一个宏愿："一定要找出硝化甘油最安全的使用、存放和大量制造的方法。"

事情并不像诺贝尔想的那样，爆炸事故接踵而来，导致世界各国都严格禁止硝化甘油的储存和制造，诺贝尔的发明跟工厂都陷入到新的困境。在这一连串的打击下，诺贝尔并没有灰心丧气。他想到那些无辜炸死的人们，想到自己亲爱的弟弟，暗自下定决心，一定要研制出特别安全的硝化甘油炸药来。也不知经过多少次实验，诺贝尔终于研制出用雷管引发的、固体状态的硝化甘油炸药。

这么多年的不懈努力，终于有了结果。第二年年初，德国矿业界派人来订购大批硝化甘油炸药。由于使用诺贝尔发明的硝化甘油炸药采矿效率大幅提高，并且没发生意外，订购商们个个眉开眼笑。紧接着，法国、英国也来采购，就连诺贝尔的祖国瑞典都开始订购了。诺贝尔看到祖国愿意采用自己的发明，高兴地说："我终于能够为祖国尽些心力了。"

硝化甘油这个曾被视为可怕的危险物品，现在已经变成赐福人类的大功臣。诺贝尔一生都在刻苦学习和研究发明，他不但发明了硝化甘油炸药，还发明了汽车自动刹车装置、石油连续蒸馏法等，一共获得了355项专利。

诺贝尔并不是偶然成功的，他遭受的打击要比一般人多很多，但是他并没有认输，而是在一次又一次的打击之后成就了自己的伟大。所以说，人的命运，有时候是在打击中改变的。

没有经过打击的心灵都是脆弱的。我们在生活中，确实需要赞扬，它有很多的益处，但是打击也是不能缺少的。打击会让心灵变得更加强健，让头脑更加清醒。可是赞赏有时候却会将人麻痹。

发现自己犯错之后，不要过度自责，重要的是从错误中发掘出足够的财富，减少以后犯错的机会。遭受打击之后，要心怀感激之情，感谢那些打击你的人，因为是他们使你变得更加坚强勇敢，头脑更加清醒。感谢那些打击你的事，因为是它们让你反省，促使你进步。

用良好的心态去面对错误与打击，正是有了它们，我们的人生才完整。我们都是喜欢尝甜头的，不喜欢吃苦。但是，人生原本就是有酸甜苦辣构成的。如果想要创造一个美好的未来，有自己满意的事业，就不能只想着吃甜，而不肯吃苦。我们有很多话都是在说明这一道理的："吃得苦中苦，方为人上人"、"不经一番寒彻骨，哪得梅花扑鼻香"……吃苦是成功所必经的过程。你想要有所成就，就一定要努力奋斗，忘记挫折困境带给你的不快，将那些发牢骚，埋怨人的精力用在修炼自己上。

有一块美丽的、质地良好的亚麻布放在桌子上，它忍不住为自己赞叹道："我将会被做成一件多么漂亮的衣服啊！"

就在这时，这块傲慢的亚麻布看到角落有一件布满油污的破烂外套，它不禁大笑："我真同情你，你是多么不幸啊，一副残破的样子。"

几天之后，那块亚麻布被主人缝成了一件上衣。但是主人每次出门都要在它外面套上那件旧外套，把它裹在里面，它感到非常不满，"你为什么会变得这么重要，会套在我外面！"

旧外套这时才跟它说："我被带到洗衣房，他们用棒槌使劲地捶打我，把灰尘、沙子、泥土等都打了出来，当这些做完之后，我对自己说：一切都是值得的，因为我变得干净了。我正这样想着，一壶热水突然浇在我身上，烫死我了，然后又是一壶温水倒了下来，这些都结束之后，我才发现，我竟然已经变成一件非常漂亮的外套。直到这时我才明白，一切经受的痛苦都是有价值的。"

人生中最有营养的东西，全部都是从苦难中得到的。这就好比农民种田，先耕耘，之后才会有收获。尽管耕耘很辛苦，但是收获总是甜的。任何一个有所成就的人，他们的成就都是从血汗、辛苦、委屈、忍耐跟苦难中一点一滴累积而成的。人只有在吃过苦，被他人歧视与嘲讽过之后才能清醒，让自己被"当头棒喝"而惊醒过来，变得更坚强。这难道不是人生中最好的补品么？

坚强的生命，总是在困境与挫折中塑造；伟大的思想，总是在失意与挣扎中成熟；顽强的意志，总是在残酷跟无情中打磨。可以说，苦难是人认识社会、理解人生的最最生动的教材。伟大的人格在平庸中是无法养成的，只有经历过磨炼跟挫折，愿望才会被激发，视野才会开阔，灵魂也才会升华，最终使自己走向成功。

当我们能够忘掉逆境中的不快乐，用感恩的心去面对失意，那么每一份失意都会得到丰厚的回报，都会变得有意义。

活着，我们都难免会坠入苦难的泥潭中。当我们遭受苦难时，要学会自我勉励，并且用一颗真诚的心去面对。懂得拿得起放得下的真意，那些阴霾自然会散去，生活又会充满温暖与幸福。

放低重心，赢得人生的幸福

有些人因为怕别人忽视了自己的成就，就时时找机会"强调"自己高于别人，这样一来，是不会被人敬重与亲近的。

在我国著名的秦始皇陵兵马俑博物馆里，那尊被称为镇馆之宝的跪射俑就是人们为什么应当放低姿态的最好证明。

跪射俑被称为兵马俑中的精华，其代表了中国古代雕塑艺术的巅峰。跪射俑之所以会成为镇馆之宝，是因为它是秦始皇陵兵马俑中保存最完整的陶俑，从秦陵兵马俑坑中已经出土了7000多尊陶俑，但是除了跪射俑之外，其他都有不同程度的破损，需要人工修复。陈列在博物馆中的跪射俑是唯一保存完好没有经过人工修复的陶俑。仔细观察你会发现，跪射俑的衣服纹路甚至是发丝都清晰可见。

为什么只有跪射俑能够保存完好呢？这都在于它的低姿态。一般的兵马俑身高都在1.8米到1.97米之间，而跪射俑由于姿势跟其他陶俑不同，身高只有1.2米。兵马俑坑都是地下坑道式土木结构建筑，因此当棚顶塌陷、土木纷纷砸下时，高大的立姿俑首当其冲，而低姿态的跪射俑受损的程度相比而言就小了很多。

跪射俑通常作蹲跪姿，以右膝、左足、右足三个支点呈等腰三角形支撑着上体，重心都在下面，增强了自身的稳定性，跟那些两足站立的立姿俑相比，跪射俑不容易倾倒、不易"破碎"。正是由于这一特点，跪射俑在经历了两千多年的风霜雨雪之后，依然完整地呈现在我们面前。

我们根据跪射俑的经历可以想到现在的生存之道，如果一个人总是一副高人一等的姿态，看不起别人，那么就很容易碰壁。我们，要分得清轻重，在姿态上做足功夫并不代表别人就一定会尊重你。将自己摆在一个过于高的位置，摔下来也会很惨。因此，在姿态上，不管自己有多大的成就，都应该学会收敛起锋芒，避开无所谓的纷争与意外的伤害。在这样的基础上，才能真正被他人欣赏与尊重。

人老了之后，坚硬的牙齿会慢慢脱落，但是柔软的舌头却依然非常灵活，这是道家所主张的思想，柔软会胜过坚硬，无为胜过有为。在适当的时候保持低姿态，不是懦弱的表现，而是聪明智慧的处事之道。

学着收起自己的锋芒，低调做人，不要时时摆出一副高人一等的姿态，才能达到"不露也锋芒"，这样才能让自己在物质和精神上真正得意，才能让别人打心底真正佩服你的得意。

当你学会将姿态放低，生活中就会少很多摩擦，你就会发现享受并不是虚伪的，而是一种实实在在的幸福感。

人一生都在渴望到达巅峰，都希望自己可以得到自己想要得到的，期望自己能够到达自己所追求的那种境界。但是，在我们不断向前奔跑的过程中，也要努力使自己的人生态度达到顶峰，能将得意看淡，懂得让自己的生命平衡，才是完满的。

一个真正得意的人，不会用那些外在的东西去评判他人，也不会将其作为衡量自己的标准。不会因为自己物质上、名誉上的成就去看不起别人，这才是真正的高姿态。

拥有权力与地位，还能够将自己当作一个普通人，这样不但不会失去尊严，反而会更加显露自己的风度，受到别人的拥护。

所有人心中都有自己的人生观、世界观、价值观，没必要拿别人的标准来衡量自己，更不要用自己的标准去衡量别人。即使是一位拾荒者，他们虽然没有权力，没有金钱与地位，但是他们也是自己妻儿的一片天，他们还是有值得我们尊敬的地方。所以，不要把别人看得太低，也不要将自己看得太高。

第六辑

未曾寂寞的人，不懂繁华

　　人是群居动物，总是想要有人陪伴才会觉得不寂寞不孤单，但是人其实实质都是独立的个体，需要独自去面对很多东西，比如成功，比如失败。在人生道路上，我们该如何对待所遭遇的这些问题呢？

放下虚荣心，低头面对寂寞

低头是一种智慧。

苏格拉底是古希腊哲学家，曾有人问他这样一个问题："你可以说是天下最有学问的人，我想问问你，天与地之间的高度是多少呢？"苏格拉底想都没想就回答说："三尺。"提问的人笑着说："先生，除了婴儿之外，每个人都差不多有五六尺高，如果天与地之间仅仅只有三尺的话，那岂不是连天都会被我们戳破了？"苏格拉底也笑着说："是啊，凡是高度超过了三尺的人，想要在天地间立足，就要学会将头低下。"

我们都知道，天地之间并不是只有三尺，但是苏格拉底的这个故事却被人传颂了两千多年，没有人反对苏格拉底在这个故事里的回答，因为生活中，我们需要懂得低头。

我们都想要挺起胸膛，昂首挺胸地大步向前走，但是假如不懂得在适当的时候低头，就很可能在下一段路撞得鼻青脸肿，因为不是所有的路都允许我们舒展身体大步地走过去。

出头的椽子先烂，这句话其实非常有道理，人在得意的时候都会忘乎所以，这样一来就会成为众矢之的，到头来得意就会变成失意。

从前有一个农夫，他有一块田地，在芦苇地旁边，那里总是会有野兽出没。他每天都在担心野兽来破坏他的庄稼，经常会拿着弓箭在田里巡视。

这天，他像平常一样在地里巡查，一天过去了，他并没有看到任何野兽，到了黄昏时，他就坐在田边歇着。

就在这时，这个农夫看到芦苇丛中好多芦花都扬起来了，像雪花一样在空中飞舞，农夫很奇怪，因为田里并没有任何动静，怎么会有芦花飞起来呢？

农夫马上集中精力，悄无声息地站起身来向芦苇丛中张望，发现有个东西在丛中走来走去，摇晃着尾巴，还不时在丛里打滚，看上去非常高兴。农夫仔细观察一会后发现，那是一只老虎。

农夫将自己隐藏好，用弓箭瞄准了老虎所在的方向，趁它再一次跳起来的时候，一箭过去，一声凄厉的惨叫，老虎倒在了芦苇丛中。

老虎怎么会如此高兴？农夫走上前去一看，发现老虎身下躺着一只死獐子。

老虎捕捉到一只獐子，因此非常高兴，却因为这个被守田的农夫看到，被农夫一箭射死了，老虎不但没有品尝到美食，反而丢掉了性命。

这个故事反映的情况在生活中总会出现，许多人被一时的成功或者胜利冲昏了头脑，因此自鸣得意，甚至忘形，以至于丧失了对危险的警惕，反而招惹祸端。

人在获得成功的时候确实会很高兴，不论取得什么样的成就，都应该享受自己的成功。但在我们得意的时候，也是考验我们人性的时候，面对荣誉与赞美，需要的是更加理智，不然，得意时的飘飘然将会给我们带来痛苦，甚至是失意。

大仲马是法国著名的文学家，他在写完《基督山伯爵》一书之后，名声大噪，但自此就再也没有写出更好的作品。

　　假使不能在得意的时候淡然处之，那么成功就会成为一个人继续成长的阻碍。在得意的时候，应该将虚荣心收起，因为，所有的荣誉都是对曾经的努力与过去的成就的肯定。

　　居里夫人在化学方面对人类的贡献几乎全世界人民都知道，但她从来不追求名利。她一生获得了很多奖项，但是她对于这些毫不在意，

　　一次，居里夫人的朋友去她家里做客，忽然看到她的小女儿正拿着英国皇家学会刚颁发给她的金质奖章玩耍，朋友感到非常惊异，因为居里夫人都没有阻止她的小女儿，朋友问道："夫人，得到这样的奖章代表了极高的荣誉，你怎么会让孩子玩呢？"居里夫人笑着回答："我想让我的孩子从小时候就明白，荣誉就像是玩具，只能玩一玩，不能看得太重，否则的话会一事无成。"

　　不管人们是不是同意居里夫人的这种做法，但是居里夫人的两个女儿的成才与她之后培养出的十几位诺贝尔科学奖获得者都证明了，居里夫人对待荣誉的态度其实是正确的。

　　居里夫人一生获得过两次诺贝尔奖，同时也是成功女性的典范，在科学史上有着一般科学家所没有的社会影响。伟大的科学家爱因斯坦对居里夫人的评价是："玛丽·居里是唯一一个没有被盛名宠坏的人。"

　　如果不是将荣誉看得很淡，居里夫人可能就不会在发现钋之后又发现镭；如果爱迪生在发明获奖之后就被荣誉冲昏了头脑，那么可能人类还要再等很多年才能使用上电灯。

　　如果一个人因为荣誉丧失了斗志，因为别人的称赞而放松了努力和追求，那么就无法再迈开向前走的步伐，这样一来得意对于一个人来说就是侵蚀自己的蛀虫。因此，我们都应该低头审视自己，不能被虚荣伤害，不能在得意时忘形。

　　我们要使自己的心态端正，不管什么时候都不能自高自大。只有看清了自己，才能找到自己前进的方向，也会因此做到将世界看清。

　　我们只有在精神上有了足够多的积累与沉淀，才能逐渐成熟，变得理性。不要把自己看得太重，懂得坦诚并且平淡生活的人总是会得到大家的尊重。而那些虚荣狂妄，总是渴望自己成为人群焦点的人反而会让人看到他们的虚伪与卑微，也正是因为这样，他们才会遭受打击。

　　无可争辩，很多人都会追名逐利。很多人在小时候就已经懂得了荣誉的意义。我们是要去争取荣誉，但是不能一直沉浸其中，因为荣誉好比彩虹，虽然美丽，却是虚幻的。因此，不管什么时候，我们都要学会在得意的时候低下头，将虚荣心收起。因为只有这样，我们才能平稳地往前走，平稳地进步。

人生起伏，笑看潮起潮落

　　人生中的得失都是不确定的，所以要笑看人生起伏。我们在面对失去时要坦然，尽量让自己的胸襟变得豁达，眼光放得长远一些，只有摒弃不必要的留恋跟顾盼，我们才能集中精力耕耘出更美好的未来。

　　"舍得酒"有句著名的广告词：舍清溪之幽，得江海之博；舍分寸之惑，得苍穹之大；舍举目之求，得天地之志。当今社会，人一旦过于看重事物的输赢得失，就势必会使自己的心灵受到拘束，最终妨碍自己获得成功。

　　失去了太阳没有关系，我们还能看到满天繁星；失去了绿色也没什么，因为我们会迎来收获的秋天。我们不能因为失去而感到特别失望遗憾，甚至一直沉溺其中，而是要勇敢地去面对，这才是真正的强者。

胡桂萍在国企工作了 15 年，1995 年，她下岗了，过惯了平和稳定的生活，以为可以一直这样生活下去，没想到人到了中年还会遇到这种事情。胡桂萍非常难过，面对这个重大变故，她自然是感到无助与忧虑。

既然拥有的都成为了过去，失去的也都无法挽回，虽然走进社会让胡桂萍感到特别陌生与惶恐，但是她并没有退缩，也没有自怨自艾，她相信，靠自己勤劳的双手，一定可以为自己赢得一片新天地。

一天，走在大街上的胡桂萍看见一名擦鞋女子，在半个小时内就擦了 5 双鞋，赚了 5 块钱。她心中一动，想到自己可以开一家专门擦鞋的店。说做就做，国内第一家室内擦鞋店在武汉成立了。胡桂萍有自己做生意的方法，特别有诚意，也会把握顾客的需求，在运营过程中，陆陆续续购置了修鞋设备、鞋油还有鞋垫等配套产品。同时还推出皮衣皮包护理、足部按摩等一系列服务项目。渐渐地，她擦鞋店的生意越来越好，如今，胡桂萍已经在全国 50 多个城市开了 1000 多家连锁店，成为中国当之无愧的擦鞋女皇。

"得到即是失去，失去却是得到。"胡桂萍虽然失去了稳定的工作，但是她没有一蹶不振，而是微笑着积极去找工作，所以，她的另一扇门就悄悄为她打开了。就好像拿破仑说的，把你的心态全部放在你想要的东西上，使你的心远离你所不想要的东西，对于一个拥有积极乐观心态的人来说，任何一种逆境都包含着等量的或者更大利益的种子。胡桂萍之所以成功了，是因为她对失去的淡定与从容。

面对失去时，拥有乐观的心态，不但是一种精神境界，而且是一种人生智慧。俄国有位著名诗人普希金曾说："一切都是暂时的，一切也都会消失；让失去变得可爱！"如果每天都将生活中的得失放在心上，人生就没有什么快乐可言了。

一个丹麦人去法国旅游，参观了一座美丽的花园后，觉得那里规划得太好了，小路特别洁净，草地整齐美观，四时花卉错落有致，交相辉映。这位丹麦游客一进花园就被吸引了，并且深深陶醉其中，想要高薪聘请这里的花匠去国外发展。他找到了这座花园的花匠，是一位老者，老花匠回答游客说："我在自己的国家生活得非常好，我也很爱我的工作，我不想跟你离开。"

这位游客只好带着遗憾离开，他不知道的是，那位老者就是曾经权倾一时的法国前总统密特朗，可能他完全想不到一位总统会在退职后津津有味地修理花园。密特朗这种乐观豁达并且从容的生活态度，真的让我们钦佩。

有些人或事，可能对我们真的特别宝贵，甚至有特别大的意义，但是再宝贵的东西，失去了就无法改变，你再心痛，频频回头张望，都是于事无补的。

如果我们能让自己变得豁达一些，就能够拥抱更多的阳光。学会笑看人生的输赢得失，懂得在低谷中种下希望的种子，就会走进一个淡泊宁静的新世界。

孤独教会你认识真正的繁华

莫文蔚有首歌唱到："孤身，身处何处有净土，独立，立在哪里无霜露。"如此凄凉如断弦的歌声撩拨着听众的内心，把"孤独"的灵魂意境渲染得淋漓尽致。

"其实孤独应该是用来享受的"，复旦大学最有魅力的情商老师陈果对孤独有着深入的见解。在她看来孤独是一种自成世界的独处，在这种状态下自我才是完整的，没有缺失的遗憾。真正的禅者、冥想者都是孤独的……她认为换一种心境一切都不一样了——"享受孤独"。

生活中的孤独，其实是为了让自己聆听内心深处的声音，能够和自己近距离相处，发掘心中的正能量。

很多人害怕孤独，那是因为还没有找到和自己相处的最好方式。

当有机会和自己相处时，有些人总是会害怕，会想尽办法找其他人陪伴，或是可以做某些事，试图填补空虚。然而，越是想逃避的东西，越会纠缠不清。就如同孤独，越是想尽力摆脱，它越会如影随形。

露西相恋七年的男朋友背叛了她，露西很绝望，她以最快的速度打包行李，连夜来到纽约，离开让她伤心的华盛顿。

在纽约露西没有任何一个朋友，找到一间公寓安顿下来，每天宅在家里，希望能让自己清静下来。然而，事情并非她想的那么简单，生活不但没有清净，强烈的孤独感反而袭来。尤其在晚上，强烈的孤独和空虚占据了露西的内心，她只能一个人在阳台对着星空发呆。

终于有一天露西对这种生活忍无可忍，她开始去泡吧，坐在狂欢的人群中聆听喧嚣，直到天明；她将自己的灵魂寄托给网游世界，每天重复着无聊的话题，只求能快点消除内心的孤独感……可是，看似如此充实的生活，其实更加孤独。

意大利影星索菲亚·罗兰曾经说过："孤独来袭时，我正视自己的情感，正视真实的自己，品尝新思想，纠正旧错误；形单影只是给自己同灵魂坦率对话和真诚交往的绝好机会。孤独时，我和我的思维与书本做伴。"

害怕孤独的主要原因是不知道如何和自己相处，所以，不妨试着观察自己的心，把孤独看成是另一种自由，在无拘无束的时候和自己的内心坦诚对话，或许，你会发现未曾有过的美好。请珍惜孤独时刻灵魂上些许的清净。

大学开学前，一个学生怀着无比的憧憬来到自己梦想的学校报到，然而老师却告诉她："大学生活是孤独的，要慢慢学会跟自己相处。"

这位学生看着充满活力和生命力的学校感到十分诧异，在如此朝气蓬勃的气氛中怎么会感到孤独呢？没过多久，她渐渐领悟到老师所说的孤独。

对大学生活的好奇和新鲜感，随着热闹的迎新活动的结束慢慢散去，她逐渐发现好多问题自己根本不知怎么处理。每个人都有自己的生活，无法顾及她。那种繁华背后无言的寂寞，喧闹之后难耐的孤独感不时向她袭来。

她试着接受这种孤独感，开始领悟老师说的——学会独处。抛开生活中的繁杂喧嚣，她给自己创造了一个宁静的世界。一个人的生活中，她找到了与灵魂对话的最好去处，她慢慢地学会用最长的时间独自思索，逐渐适应了这种状态。偶尔一次自习课后的漫步机会，让她深刻地感受到独处也有快乐。

在《爱与孤独》一书中，作者周国平说道："爱是孤独的源泉，没有爱的人不会孤独。也许孤独是最意味深长的赠品，受此赠品的人从此学会了如何爱自己，也学会了理解其他孤独灵魂和深藏于他们心中深邃的爱，为自己建立一个珍贵的精神世界。"请珍惜孤独带给你的正能量，让你有机会在灵魂深处清净地自由徜徉。

藏起锋芒，不在繁华中迷失

我们所处的社会，人们追求舒适的生活，追求高层次的物质享受，这都无可厚非。但是，并不是拥有了财富人们的物质生活就会有所改善，如果不能正确对待财富，那么它反而会变成一种灾难。

石崇是西晋时期富甲天下的一个大富豪，然而财富在他这有了不一样的作用，让他变成了一个十分爱慕虚荣的人。

为了炫耀自己的富有，石崇命令下人到各地去收集最珍稀的奇花异草，为他建造了一个花团锦簇的金谷园。园内最特殊要数绿珠楼了，里面收藏着他用五斗珍珠买来的歌妓。

据刘义庆的《世说新语》记载，石崇家中的茅房都是前所未有的豪华，不只停留在装饰的精美上，在石崇的茅房中，竟然有甲煎粉、沉香汁等数十种高级香料。甚至有一张装有丝纱帐的大床，更叹为观止的是，居然还有十几个小贱婢，身着华丽的衣裳，涂脂抹粉，花枝招展的她们每天只有一件事，就是轮班伺候前来如厕的人，在如厕后贱婢们会服侍他们脱下自己的衣服再换上新衣服才出来。如此看来，石崇家的茅厕如同一个巨大的更衣室，每个如厕的都穿一身新衣服出来，可见当时他家的富有绝非一般。

只是家中的厕所便为石崇挣足了面子，可去他家做客的人没少为这个厕所闹出笑话。一日，一个叫刘实的去拜访，突然一阵腹痛袭来，匆忙前去茅厕。入内一看，大床及多个贱婢，大惊，慌忙道歉："对不住，对不住，不小心错进了卧室。"石崇见状，更加得意，大笑说道："你进去的那间正是茅房啊！"

就从石崇家如卧室般的厕所，不难看出当时他的富裕程度真的无人可敌，但却有人与他争豪比阔，完全不把他放在眼里，这个人正是当朝皇帝的舅舅——王恺，每当他听到人们称赞石崇的富有时便会心生怒火，怎么会忍受甘拜下风呢？

王恺家刷锅都用糖水，家门口两边用昂贵的细丝编成四十里长的屏障，如果有人想拜访他，就必须先绕过长长的细丝围栏。

石崇知道后，马上让厨师用蜡烛来烧饭，用香料粉刷墙壁，在自己家门口用五色绸缎做了五十里的屏栏，想要超过王恺。

两个人就这么争来斗去，分不出高下，王恺也不会罢休，就向他的皇帝外甥晋武帝寻求帮助。万人之上的皇帝听说自己的舅舅王恺跟人斗富的事情之后，竟然觉得非常好玩，还暗中帮助王恺，将外国宾客献来的珍贵宝物——一棵两尺高的珊瑚树送给王恺，好让舅舅在对手面前占上风。

王恺得到宝物之后立刻发出邀请，请文武官员来家中赏宝，当然，石崇也在邀请之列。王恺让两个小婢女将珊瑚树小心地捧出来，众人纷纷上前观赏，这棵珊瑚树真的世间少有，它的色泽非常鲜艳，红中透粉，晶莹透亮，枝条特别匀称，并且棱角分明，果真是珊瑚中的极品。众官员赞不绝口，石崇也上前观看，用手里正在把玩的铁如意将那个宝贝珊瑚树一下敲了个稀烂。

所有在场的人都非常惊讶，王恺更是气愤不已，认为石崇是妒忌自己有了这么好的一件宝物，让石崇赔他珊瑚树。石崇大笑，对王恺说："这种东西有什么好心疼的，我马上赔给你。"说着就让手下回家去取，将家里所有的珊瑚树都搬了过来，有三尺、四尺高的，树干枝条天下无双的就有六七棵，每个都是稀世珍宝。王恺非常挫败，这才知道自己的财宝远远比不上石崇，只好不再跟他比了。

石崇可以说是富可敌国，连皇帝都没有他拥有的珍宝多，可以说他在攀比中为自己挣足了面子。但是，他的下场是什么呢？

石崇背后的靠山是贾谧，而司马伦的死对头正是贾谧。晋武帝去世之后，赵王司马伦发动了政变，并且掌握了大权。司马伦当权之后，贾谧被杀，石崇也就没有了靠山只能任人宰割。司马伦的心腹孙秀到石崇家没收了他全部的家产，同时直接判了他死刑。

石崇在去刑场的路上不禁哀叹："这个狗奴才就是窥窃我家财产！"他的话被押送犯人的小吏听到了，跟他说："慢藏诲盗，冶容诲淫，古有名训。早知财足害身，何不散结乡里；而红粉诱人，更不可刻意炫示于人，以自取羞辱！"

古语有云："崇敬节俭，是一个人福报的开始；骄奢吝啬，则是一个人灾祸的征兆。"

我们生活中，要做到富而无骄，虽然自己非常富有，也不能对别人趾高气扬。学会把自己的锋芒藏起，低调做人，不露富，不显富，不到处张扬，这也是一种哲学与智慧。

没人会永远一帆风顺，假如你在得意时特别张扬，那么等到你遭遇失意时，别人也会如此对你。与其在失意的时候感叹人性薄凉，不如在得意的时候待人谦逊，获得他人的尊重。

纵观古今中外，那些真正获得成功的人，之所以能够保全自己，发展自己，最终取得成就，就是靠这样的秘诀：人生得意的时候并不忘形。

忍受寂寞，在黑暗中寻找星光

二战爆发时，很多人都饱受磨难，在恐怖的纳粹集中营里，有一个叫玛莎的小女孩写下了这样一首诗：

"在这样的日子里，我一定要节省，我没有钱可以节省，所以我要节省健康跟力量，足够支持我很长时间。我一定要节省我的神经、我的思想、我的心灵与我精神的火。我一定要节省自己流下的眼泪，我还有很长时间都需要它们。我一定要节省忍耐，在这些被风雪肆虐的日子里，我缺少情感的温暖和一颗善良的心。这些我都一定要节省，这一切是上帝赐予我的礼物，我希望能够完好保存。我将多么悲伤，如若我很快就失去它们。"

在恶劣的环境条件下，玛莎还是非常热爱生命。她没有怨天尤人，而是一点点地收集自己心中的光，生命中有限的时间少了，但是她心中却有无限耀眼的光芒。面对厄运她并不畏惧，用自己稚嫩却坚强的文字给自己弱小的灵魂取暖；她也没有悲观失望，她只是节省自己的眼泪与精神的火，用这些微弱的火照亮那些阴暗的角落。

玛莎用天使般的语言，表达出乐观、豁达、坚强与希望，每个字符都富含金子的硬度，每笔笔画都贯穿了信念的力量，照亮了那些身处在黑暗中的人。

只要心中有爱，即使你身处寒冬，都能闻到春天的气息；只要心中有光，即使你困在逆境中，头顶的乌云也会被它所射穿；只要心中有希望，即使你一再遭受挫折的打击，同样可以再一次站起来，将苦涩留在昨天，用自己顽强的毅力与信念去赢得未来。

有位年老的盲人琴师，他有非常高超的技艺，远近闻名，他身边还带着一个盲童，两人以弹唱为生，到各处漂泊。老琴师每次弹断一根琴弦，就在那把琴体上认真刻下一道，一天，老琴师弹断了第一百根弦，他流着眼泪在琴体上刻下了第一百道。老琴师哭的原因是，他的师傅在临终前曾经跟他说，当他弹断一百根弦后，就可以打开遗嘱，遗嘱中有一个秘方，按秘方用药之后就能双目复明。

老琴师一秒钟都等不及，带着盲童去药店抓药，但让他吃惊的是，药店的伙计说："纸上一个字也没有啊！"老琴师当场呆住了，不敢相信自己的耳朵。过了一会儿，他恍然大悟，明白了师傅的一片苦心，可是一直支持着自己的信念突然没有了，老琴师没过多久便去世了。

老琴师在去世之前用盲文在自己师傅给他留遗嘱的那张纸上给盲童写下了遗嘱："我的经历可以告诉你，想要战胜客观环境，第一要做的就是战胜自己，人的生命不仅需要物质力量的支持，更需要精神力量的支持。"

很多年过去了，当年的那个盲童已经是一位琴艺高超、名声显赫的老者。他在珍藏了多年的遗嘱上又用盲文补充道：希望、信念和目标指引着光明与生存，绝望跟颓废指引着黑暗与死亡。

之前的那位老琴师，将遗嘱看做自己生命的寄托，是他心中的一盏明灯，照亮了前进的方向。有一天，那盏明灯熄灭了，生存的希望也随之化为泡影，生命也就不复存在。我们这一生，正因有了希望与目标，才能有精彩的生活，失去了它们，生活也就没有了意义。

著名文学家海明威曾说："人可以被毁灭，但不能被打败。"只要心中有光，我们就不会被任何事物阻止对美好的追求与对未来的向往。大多时候，打败我们的不是别人，而是对自己失去了信心，不再抱有希望。

只要心中有光，就会照亮生命的道路。只要心中有光，就能积聚信心与力量。只要心中有光，就会无所畏惧，就能勇往直前。

收敛物欲，不伤本心本性

财富不仅仅只是指金钱，本心本性也是我们终生受用不尽的财富。当一个人迷失了本心本性，就会追逐外在的事物。那么在追逐外在事物的同时，就会又更进一步迷失了自己的本心本性。

《楞严经》里有一段名言说："一切众生，从无始劫来，迷己逐物，失于本心，为物所转。"这句话的意思是说，芸芸众生，在时间的长河中，慢慢迷失了本心本性，被外在的事物牵着鼻子走。当一个人一味地追求金钱、物质与名誉，就会在滚滚红尘中迷失自己。

我们所有人都有本心本性，都有"自家宝藏"。当人迷失了自己的本心本性，就会一味地追逐外在的事物。在不断追逐外在事物的时候又更深地迷失了本心本性。

生命就是要超越一切世俗的观念，舍弃一切尘想与贪欲。当人醉心于功利，就会被名与利束缚；太过在意褒贬毁誉，就会患得患失。假如一个人本来就充满野心、贪得无厌并且总是争权夺利，那么他就没法摆脱躯壳的束缚，还说什么生命的本源呢？最重要的是自我解脱，而不是求人解脱。我们都要努力成为自己的主人，不去依赖他人。

剔除心中的杂念，就可以看见清明世界。对一切无欲无求，才能体会真意。世人遇事总会想要得到他人的帮助，却总是忘了自己，久而久之形成了依赖，于是使自己变成了累赘。反过来，一求己，就成了佛。

才子苏东坡曾经与佛印和尚一起乘船出游，苏东坡觉得自己有才，学佛也学得好，就问佛印和尚："你看我像什么？"

佛印和尚回答道："我看你像一尊佛。"苏东坡听了非常高兴。

然后佛印和尚又反问苏东坡同样的问题。

苏东坡没多想，跟佛印和尚开了个玩笑，笑着说："我看你像堆狗屎。"说完两人哈哈一起大笑。

苏东坡回家之后把白天发生的事跟苏小妹说了，苏小妹听完后对她的兄长说："哥哥以为自己赢了吗？我只知道，佛经上说，看别人是佛的人其实自己就是佛，而看别人是狗屎的人自己才是狗屎。"苏东坡立马羞得满脸通红。

我们每一个人都具有佛性，只是人类在成长的过程中，越来越被贪嗔痴慢所蒙蔽。贪婪、愤怒、痴迷与傲慢每个人身上都有，如果把这些东西都放下了，人的本性就会显现出来，身体会变得纯净，心灵也会变得纯善，这样的话，就什么烦恼病痛都没有了。

人活在世上，如果能够做到"不以物伤性，将何适而非快"就好了，诚然，适度的物质需求在生活中必不可少，但是过分地追逐外物，就会被外物所奴役，变成外物的奴隶，就伤了本心本性了。

知足常乐，时刻保持平衡心态

大家都应该懂得一个道理：学会珍惜，学会辩证地看待问题。很多时候，我们眼睛看到的与我们羡慕的，其实都是别人表面上的生活，但是其背后的辛酸与苦涩却没有看到。

知足才能常乐，不为生活艰辛而抱怨，珍惜自己拥有的一切，懂得惜福，也是一种睿智。

有位哲人曾说："别让什么蒙蔽了你的眼睛，珍惜你现在拥有的生活才是最重要的"。确实，羡慕别人的生活没有任何意义，因为你看到的只是别人表现出来的幸福，其背后的样子你并没有看到，可能你羡慕的人也正在羡慕你的生活。所以，不要在属于你的幸福的门前徘徊，要清楚地知道，你目前的生活才是最适合你的。

一匹狼在路上孤独地踽踽独行，它已经很多天没有捕获到猎物了，因为那些看门狗都太尽职尽责。

就在这匹狼寻找食物的时候，见到一只狗，这只狗毛色发亮，看上去特别强壮并且有精神。

饿了好几天的狼憋了一肚子的气，它特别想冲上去和这只狗打一架，把那只狗撕成碎片。可是，狼心里知道，自己现在毫无力气，贸然跟狗进行争斗的话，肯定是自己吃亏。

于是，狼换成和蔼可亲的模样走过去与狗攀谈。它夸赞狗看上去特别有福气，狗也非常得意，回答说："你也可以跟我一样，这都看你自己，只要你离开树林，去人类家里工作，你就会跟我一样过上好的生活。看看你的那些同类吧，它们在树林里生活得多像乞丐啊！一无所有，没有免费的食物，任何东西都要靠自己争取。你还是跟我走吧，你的命运会改变的。"狼问狗："到了那里我需要做什么呢？"狗说："非常简单，只要你能帮主人看家，赶走他不喜欢的人，巴结家里的成员，用一些小伎俩讨主人欢心就好了。这样你就可以得到很多剩饭，还会有骨头。"

狼听了狗的话之后，觉得狗的生活真是太幸福了，决定跟着狗走。走了一半，狼看到狗的脖子上掉了一圈毛，它好奇地问："你的脖子怎么回事？"

狗平淡地回答道："那个啊，没什么，就是拴我的项圈把毛磨掉了而已。"

狼停住不再走了："你还被拴着吗？那就是说你失去了自由？"

"是的，但这没什么。"狗回答道。

"对我来说这非常重要，我宁愿不要美味佳肴，也不能不要我的自由。"狼说完就头也不回地跑掉了。

在我们的生活中，有很多人就好像故事中的狼，经常抱怨外界因素对自身命运的影响，忽视了自己身边的幸福。狗虽然生活无忧，但是那是用自由换来的。狼虽然总会遇到困境，但是它拥有自由。

苏格拉底是古希腊伟大的哲学家，他曾经说过："我只知道自己一无所知。"

人们经常会因为某种优势、某种能力、某种财富、某种成就而产生优越感，人们总是不断地在追求这样的优越感。我们自然应该拥有这样的追求，因为如果我们都不期望自己能够比别人优秀，社会就没有进步可言。因此，优越感的存在与人们的追求都是很正常的，但是，关键在于，许多人的优越感膨胀得非常厉害，甚至都已经占据了一个人的思想，这样就会使人失去平衡，迷失方向，甚至会导致人生的悲剧。

将自己放在很高的位置，那么摔下来的时候就会很痛。

战国时，魏国有位信陵君，他的地位十分显赫，但是他为人和善，平易近人，尤其对待有才华的人更是能表现出少有的尊敬。那时，魏国有位名叫侯赢的隐士，他特别有才气，但是却只是地位卑微的看门人。信陵君得知侯赢非常有才后，就去接他，侯赢为了试探信陵君的诚意，故意跟他说要去拜访老朋友，并且跟老朋友聊了很久。信陵君就在一旁非常耐心地等候，直到他们谈完，才恭敬地请侯赢上车。通过这件事，侯赢特别感动，此后便全心全意辅佐信陵君了。

上面这个故事跟刘备三顾茅庐请诸葛亮有异曲同工之处，他们都是身处高位却不骄傲的人，反而将自己放低，用平和的心态去对待他人，也因此从别人那里受到了更多的恩惠。

如今社会，人们的优越感大多来自于自身的努力，正因如此，人们就更无法忘记自己艰辛的奋斗，也就越发欣赏自己骄人的成果。因为这些，许多人都陷入对自己成就一味地欣赏中，致使自己忘记了曾经的失败。

我们经常能看到或者接触到这样一种人，他们总是不认真听人说话，喜欢在公共场合吹捧自己，在所有事情上都要发表自己的"高见"，甚至每句话都要说"我"字，一副见多识广，博学多才的模样。

反倒是那些有真才实学的人，不会去凸显自己的优越感，反而会用自己的成就去鼓舞他人斗志。

那些颇有成就的人，都懂得放低自己的心态，从来不去蔑视他人，更乐于从他人身上学到东西，总是不动声色，在发表意见时也努力淡化自己，即使这样，也会自然而然地流露出自己高于他人的地方。

拥有很多金钱，在物质上非常富足的人，总是容易将自己的优越感毫无保留地展示出来，不能随和地与人相处，处处以自我为中心，以自己的意志作为要求别人的准则，这样的人是让人厌恶的，他们总会因此与人结怨，甚至惹祸上身。

季羡林先生曾经说过这样一段话，"走运时，要想到倒霉，不要得意过了头；倒霉时，要想到走运，不必垂头丧气。心态始终保持平衡，情绪始终保持稳定，此亦长寿之道。"

从始至终都能够用平常心态看待人生的成败与浮沉，便是人生的成功之道。我们看一个人是不是成功，不是看他有多少财富，而是能不能将人生的种种得意与失意摆平，一个人心态上能成功就可以看做整个人生的成功。

日常生活中，我们见到的绝大部分人都是普通人，如果那些居于高位的人不能放平自己的心态，不能保持低调做人的本色，就会与大多数人产生隔阂，其实，那些身处高位的人都希望能够得到他人的认可，所以如果不能将自己的心态摆平就无法获得人心。

玛格丽特·杜鲁门是美国第 33 任总统杜鲁门的女儿，她在写她父亲的传记时曾经几次提到杜鲁门总统低调做人的感人故事。

玛格丽特·杜鲁门在传记中这样写道：

"父亲从来不喜欢用他办公桌上的铃声下命令和传唤人，十有八九，他会亲自到助手办公室去。极少数他传唤别人的时候，都会走到橡树厅门口去迎接对方。"

"父亲处理白宫日常事务时，总是十分体贴别人，从来不会因为自己的身份而去觉得高人一等，也正是这样，他能使身边的人都对他忠心耿耿。"

能与他人平等相处，才能赢得人心，对任何人都能够一视同仁，才是正确的做法。想要拥有一个既快乐又成功的人生，就必须将高傲的面孔收起，用平和的心态去面对所有人。

一个人如果能够降低自己的优越感，反而能让自己更加优秀。将自己的优越看淡，是一种人生大智慧，摆平自己的心态，是人生的哲学，得意的时候不去炫耀，这种得意就可以更持久；得意的时候让自己心态平和，就越能享受得意的快乐。

将自己放低，不仅能够更好的保全自己，更加容易融入群体，与人和谐相处，更加能够帮助你积蓄力量，深藏不露地成就自己的快乐人生。

淡泊对待人生的荣辱

荣誉、地位和面子是很多人都渴望拥有与追求的，并且为拥有它而自豪。正因如此，现实生活中便出现了许多争取荣誉的人，各种各样反抗屈辱的勇士，还有为了取得这些出卖灵魂、丧失人格的势利小人。虽然有那么多人想方设法想要得到荣誉、地位、面子，但是也有人把荣誉看得很淡，甘心做一个清闲人、散淡者。

世界知名数学大师陈省身，在其多年数学生涯中，一直不断努力，终于成就辉煌。陈省身在整体微分几何上所做出的杰出贡献，影响了整个数学界的发展，被杨振宁誉为继欧几里德、高斯、黎曼之后又一里程碑式的人物。

经国际天文学联合会下属的小天体命名委员会讨论通过，2004 年 11 月 2

日，国际小行星中心正式发布第52733号《小行星公报》通知国际社会，将一颗永久编号为1998CS2号的小行星命名为"陈省身星"，以此表彰陈省身对全人类的贡献。《小行星公报》中是这样写陈省身的："在整体微分几何等领域上的卓越贡献，影响了整个数学学科的发展。"当有人把这一消息告诉陈省身时，他回答说："有意思，好玩。"然后紧接着又解释了一句："只是好玩，不怎么要紧。"

听到有一颗星星是用自己名字命名的之后，陈省身并没有得意，也没有骄傲，心态还如往常一般平和，仿佛听到的只是一句类似"给您一个苹果"这样的话，透露出得失无异的大智慧。

孟子曰："养心莫善于寡欲。其为人也寡欲，虽有不存焉者，寡矣；其为人也多欲，虽有存焉者，寡矣。"这段话主要讲的是，如果一个人心里的欲望是有限的，那么对于他来说，从外界得到的东西有多少都与自己没有关系，少了不会让内心不平衡，多了也不会助长他的欲望。假如一个人充满了填不满的欲望，那么他永远不会放松。在名利的驱使下，许许多多的人想着往上爬，想要挣特别多的钱，等到他得到了自己想要的之后，欲望又会再一次提升。这样循环他将永远追逐着名利，一直到生命的尽头都不会满足。

人总是活在别人的荣誉标准和成败眼光中是非常痛苦的，更是一种悲哀。人生原本就特别短暂，真正属于自己的快乐更是很少，为什么不能为了自己而真实地活一次呢？

我们要尽量让自己时刻保持冷静的头脑，不管遇到什么，只要有一颗宁静的心，自然可以做到宠辱不惊。

19世纪中叶，美国有个实业家名叫菲尔德，他对外宣称要用海底电缆将欧美两个大陆连接起来。很快，他就变成当时美国最受尊敬的人，被人们誉为"两个世界的统一者"。工程终于完工，在盛大的接通典礼上，刚被接通的电缆传送信号突然中断，人们的欢呼声立马变成生气的怒吼，骂他是"白痴"、"骗子"。面对这一切的菲尔德很平静，他没有做任何解释，继续埋头苦干。6年之后，终于通过海底电缆接通了欧美大陆。这次的庆典会，菲尔德没有上贵宾台，只是远远地站在人群中观看。那个时候的菲尔德，荣辱对于他而言，应该只是天上缓缓流动的云。

我们这一生，会有春风得意的时候，也会有处处碰壁的时候，宠辱总会伴随着我们，如果总是得意忘形，失之不快，那人生未免活得太累。只有做到荣辱不惊，才能笑到最后，获得真正精彩的人生。

低调是面对繁华的最佳姿态

有一天，美国总统林肯和他的大儿子罗伯特一起乘车外出，走到一个街口时，车被路过的军队堵塞了，林肯打开车门踏出一只脚问道："这是什么？"林肯想表达的意思是问这是哪支军队，对方以为林肯不认识军队，就回答他说："联邦的军队呗，你真是他妈的大笨蛋。"林肯跟对方说了句"谢谢"之后就回到车里。他的儿子看到了全部过程，很惊奇，但是林肯却严肃地说道："有人在你面前说老实话，这是很幸运的，我的确是一个大笨蛋。"

那时正是林肯一生当中最春风得意的时候，总统听到别人说自己是大笨蛋，大多都会以自己的地位跟声望，对那个人惩罚一番。但林肯却没有那样做，没有将自己看做是至高无上的总统，而是坦然接受了对方的回答。

    人在得意的时候，经常会不可避免地兴高采烈，头脑发热。还有很多人在得意的时候难以容忍他人对自己泼冷水，总是觉得自己身处高位，或者很富有，别人怎么可以不尊重自己呢？

    但是，这并不是做人的最佳姿态，刻意要求别人去接纳自己、赞赏自己、钦佩自己，那样不会得到他人真正的肯定。凡是能在官场、商场稳固立足的人一定懂得在得意的时候把握一种看似平淡其实高深的低调处事谋略，不求争先、不露真相，才更能让自己清醒、真实过一生。

    在得意之时低调面对，是对待得意的最佳姿态。

    一次，林肯看到有个小伙子坐在陆军部的大楼前，就过去问这个小伙子在干什么。那个年轻人十分生气，跟林肯说："我在前方打仗负伤了，来这里领军饷，他们竟然不理我，而那个狗娘子养的林肯现在也不来管我。"听到小伙子这样说，林肯只是问那个年轻人："你有证件吗？我是律师，给我看看你的证件是不是真的有效。"小伙子把证件递给他，林肯看过之后跟他说："小伙子，你去308号房间找安东尼先生，他会帮助你办理一切。"小伙子按照林肯说的走进陆军部的大楼，看门人问道："你刚才在跟谁说话？"他说："一个说自己是律师的臭老头。"看门人大惊，说："什么臭老头，他是总统啊！"

    林肯为人非常低调，但正因如此更受人们尊敬，因为低调更能显示出一个人的尊贵，更具魅力。在得意的时候学会内敛，学会有所回避，看似没什么，其实有着不争之争的效果。人在得意的时候，总会为了证明自己的所得而高傲、虚伪、浮夸，到最后反而会失去很多美好的东西。

    不妨冷静看待得意这件事，时刻避免自己在得意的时候被冲昏头脑，时刻保持清醒，时刻提醒自己，一切都会成为过去，将自己看得非常透彻，这个时候反而能够把握住得意所得。

2004 年，《福布斯》发布的全球最有权力的女性排行榜中，何晶是唯一一位入选前十名的华裔女性。同年，美国《财富》杂志，首次选出亚洲 25 位最具影响力企业家，何晶排名第 18 名，与索尼集团行政总裁、日本丰田汽车社长以及香港富商齐名。

何晶还有另一个身份，那就是淡马锡控股公司前 CEO 以及新加坡总理李显龙的夫人，她向来非常低调。这个新加坡第一夫人从来不接受采访，即使在公共场合，她也很少回答人们的提问。由于何晶一向不喜欢被媒体曝光，因此她的身世和成就在新加坡都很少有人知道。直到李显龙正式宣誓就职，她才不得不开始在媒体面前"曝光"。

淡马锡控股公司可以说是新加坡最重要的投资控股公司，身为 CEO 的何晶掌管着新加坡遍布全球的数百亿美元资产，但是那个时候并没有人知道她是李显龙的夫人，没有多少人将她与李显龙联系在一起。

新加坡这个国家虽然不大，但是却是亚洲的经济强国，身为新加坡第一夫人以及淡马锡公司 CEO 的何晶向来都很朴素，留着爽利的短发。

后来，有记者问何晶为什么要这么低调，何晶用一个寓言故事回答了记者，这个故事我们很多人也都知道。

一只青蛙与两只大雁因为共同生活在一个池塘里成了好朋友。秋天快到了，池塘里的水越来越少，大雁要飞回南方去了，但是三个朋友难舍难分，大雁对青蛙说："你要是会飞就好了，我们就可以一直在一起了。"青蛙想了想说："你们两个衔住树枝的两端，我用嘴咬住树枝，不就可以和你们一起飞了吗？"

说好之后，大雁就把青蛙带上了天空，向南方飞去。大雁跟青蛙经过沙漠和田野，飞过一座村庄的时候，那些村民说："你们看，多么聪明的大雁啊！"地上的青蛙也都羡慕得拍手叫绝。

青蛙听了这些话，觉得非常委屈，但是想到大雁是它的好朋友，就忍住了没去辩解。

它们继续向南飞，又过了一个村庄，依旧得到一片赞美声，这时候有人问到："是谁这么聪明？"

青蛙再也忍不住了，不想错过表现自己的机会，便张嘴想说"是我想出来的主意"，结果是，它刚把嘴张开，就掉在地上摔死了。

不能低调面对生活，总是想着作秀，是不会得意长久的。坦然面对自己的得意，也不会有人去否定你的成就。但是如果总是将自己看做特别珍贵的宝贝，那么就总会有被遗弃的危险。越是不把自己看得太重的人越会成为主角，越想要表现自己想要出风头就越会遭人泼冷水。

换个高度看问题，迎接繁华

有个中年女人，一直以来都在抱怨对面邻居太太很懒惰，"那个女人永远都洗不干净衣服，你看她晾在院子里的衣服，总是有斑点，我真想不明白她怎么会把衣服洗成那个样子。"

这种情况一直持续到有一个朋友到她家来，才发现不是对面太太衣服洗不干净。女人的朋友很细心，她拿了一块抹布，把这个太太家窗户上的污渍擦干净，对女人说："看，这样不就干净了吗？"

原来，真正的原因是女人自己家里的窗户脏了。

每个人都或多或少的遇到过愤世嫉俗的人，或许你也有看什么都不顺眼的时候，觉得命运对自己比较坏。其实我们分析过原因后不难发现，有句老话说的很妙：可怜之人必有可恨之处。

这样的人，看到外界的问题，总是比看到自己内在的问题容易很多；他们往往把错误归咎在别人身上，不会检讨自己（检讨自己和责怪自己又是两回事了）。于是，我们能够看到，愤世嫉俗的人总是会从年轻愤怒到老，遇到有人比他过得好，就想咬对方一口，眼睛总是斜视，久而久之看什么都不顺眼。

偶尔发泄一下情绪很正常，但是如果一味地认为这个世界上会出头的都是混蛋，拿愤世嫉俗来替代反省自己的机会，对自己的成长是一种特别大的耽误。

一个总是背对着太阳的人，只能看见自己的阴影，就连别人看你，都只能看到你脸上的黑色暗影。可以将人的眼睛比作傻瓜相机，最怕背光照人相了，因为即使你的脸庞再美，只要背着光，就一定是件失败的作品。

朋友们，面向太阳吧，让我们充满希望地活着，生活的阴影就不会出现在们眼前。

有位女强人，向来做事雷厉风行，下属跟朋友总是习惯性地与她保持一段距离，谁都跟她不是特别亲近。这令她有时候会感到特别寂寞。

马上就要到圣诞节了，她带着自己三岁的女儿去选购圣诞礼物，百货公司的童装与玩具琳琅满目。她觉得女儿应该会很开心很兴奋。但是刚到百货公司没多久，女儿就拉着她的裙角，小声地哭起来了。

"发生了什么？你要一直哭？这么多漂亮的衣服跟有趣的玩具，你都不喜欢吗？"女强人有些不高兴，语气相当严厉。

女儿看着她怯怯地回答："我的鞋带开了……"

女强人这才在专柜旁停下来，蹲下身为女儿系鞋带。当她蹲下去，跟女儿处在同一高度时，才发现她什么都看不清楚！没有漂亮的衣服，也没有各种玩具，那些东西对自己的女儿来说都太高了，难怪女儿一直都高兴不起来。

女儿能够看到的，只有不同的鞋子和人们的裙摆、裤管。这可真是两种完全不同的情景！女强人第一次从三岁女儿的高度看世界。

发现这一情况的女强人立刻把女儿抱起来，小女孩儿马上就开心地笑了："呀，亲爱的妈妈，这里有好多漂亮的东西啊！"

原来，只有跟对方处在同一高度，才能看见对方要的快乐。

由此，女强人联想到了自己的朋友与下属，想到他们与她之间拉开的距离。要是能将自己换到对方的立场跟视角，去体验对方的内心感受，可能彼此的沟通就能非常顺畅。而用对方的目光来观察自己，也可以对自己更加了解。

据说，猫跟狗之所以做不了朋友，关键的原因是因为猫高兴时会眯起眼睛，生气时会张大眼睛，而狗则相反。所以猫跟狗永远都站在自己的角度去解读对方，导致敌视对方。

一天，一家非常知名的设计公司的总裁去巡视公司，发现有一位员工一直坐在窗边发呆，看上去无所事事。总裁很生气，质问总经理没有好好管教下属。

总经理说："要知道，公司八成以上的创意，都是这位员工在窗前发呆时想出来的。"

我们在与他人沟通时，要学会站在对方的角度想事情，这样沟通起来就很顺畅了。

第七辑
未曾失落的人，不懂自己

　　我们如何才能看清自己，并且找到自己的目标，这是需要我们好好思考的事情。在我们前进的路上，挫折困苦都是必然的，那么拥有良好的品格与人生态度就非常必要了。

失意是折磨自己的借口

人生的得失本来就是无常事，胜败也是平常事。如果失意是放弃努力的借口，那是自己对自己的折磨。失意本身是一个很好的机会，可很多人却将它看成不去努力的借口，不得不说那是最可悲的事。

在大海中航行，难免有迷失方向的时候，如果这时候放弃航行，船上的人只能在补给全部消耗干净之后放弃生命。人的一生也是如此，就像一艘大船在海上航行，但谁又会在迷失方向的时候心甘情愿放弃自己生命呢？其实，失意和迷失方向一样，在这种时候，我们不能放弃也没理由放弃，因为放弃自己才意味着真正的失意。这时候，我们应当在内心深处为自己点亮一盏灯，有希望就总会有拨开云雾见青天的时候。

不管在什么样的绝境中都存在生机，关键在于你是否愿意去寻找，重新开始人生的得意时刻，寻找人生的辉煌。

几年前，在"超霸杯"的赛场上，一个小伙子奇迹般地连进三球。然而就在新千年来临之际，一场车祸结束了他在绿茵场上野马般驰骋的足球生涯，让这个在超霸杯上独中三元的大将告别绿茵场。

然而，现在的他挥舞着长剑一脸幸福，洋溢着动人的微笑。他没放弃与命运挑战，与命运激烈地搏斗着，他是前职业球员，辽宁抚顺特钢队前锋——曲乐恒。

2000 年，曲乐恒在和队友张玉宁等人聚餐归来时，发生了意外，坐在副驾驶的曲乐恒伤势严重，十二椎前脱位、腰枕压缩性骨折，一级伤残。从此，曲乐恒连基本的站立行走都无法完成。他被迫放弃了他的足球梦想，并告别了正常人的生活。

车祸后的几年中，不管在报纸还是电视当中，人们看到的都是一脸泪水和委屈的他，让人同情，没人能想象到他是曾经帮助辽宁队取胜的职业球员。

从那之后，人们的视线中再也没有那张清秀的脸庞，而是坐在轮椅上，有着臃肿上身和瘦弱下肢的曲乐恒，表情大多是愁苦和哀怨的，曾经连进三球的双腿变得只有 10 岁孩童一样粗细。

在法庭上，曲乐恒无力地哭诉着："如果不判，那么我请求安乐死结束生命。"最终曲乐恒获得了 243 万元的赔偿，但他失去了双腿也就意味着失去了梦想和青春，失去了光荣和挚友。剩下的只有人们的同情，因为他已经丧失了意志。

曲乐恒的失望并没有因为拿到高额的赔偿金而减轻，哪怕一丝一毫的减轻，因为他每天都只能在轮椅上痛苦地生活，忧伤没法用金钱弥补。

大多数人认为，曲乐恒的一辈子大概只能如此了，浑浑噩噩过一生，所有的光辉、荣耀都已经过去了。然而，在一次《鲁豫有约》栏目中人们对曲乐恒有了全新的认识。习惯了他之前泪流满面、满腹委屈的样子，但现在他双手熟练地在琴键上跳跃，弹奏《梦中的婚礼》，在场的所有人都无法相信自己的眼睛和耳朵，那个昔日忧伤的足球运动员告别赛场后，居然用音乐抚慰灵魂，这动听的音乐就是最好的证明，让所有的人泪光闪烁。

出乎人们意料的是，曲乐恒还成为了一名"剑客"。2005 年 7 月 3 日在南京举办的首届全国轮椅击剑赛上，只在轮椅上参加训练仅仅两个多月的曲乐恒夺得了 B 级男子花剑个人铜牌。这个成绩足以让人赞叹，在采访过程中，曲乐恒露出久违的笑容，告诉记者："这是我的宝剑，也是我的全新生活！"

曲乐恒的每把剑上都有一个"乐"字，作为剑的标志。曲乐恒说："以前踢球的时候从不这样，只是穿着自己的7号队服，现在我没有号码，我就用自己名字的'乐'字代替，这代表一种态度，也是我对生活的希望。"

困难可以带给身体伤害，让人无法行走、站立。但是如果被困难打倒了意志，即便有健全的双腿，即使能健步如飞，结果依然是寸步难行。把失意当成借口的人，只是在折磨自己，甚至是拿最宝贵的战斗力来打击自己。每个失意背后都蕴含着一次成功的机会，是重新找到人生辉煌的机会。

面对挫折，可以哭，可以痛苦、失望，但一定不要丢失意志。只要意志还在，就能让自己重新站起来，人不仅是在用双腿赛跑，更是用生命在拼搏，意志支撑着生命，只要意志不垮，就能战胜困难，赢得幸福和快乐，获得成功。

而对于曲乐恒来说，剑上的"乐"仅仅是一个标记，真正的成功是他自己刻在心里的"乐"。帮助他走出瘫痪的阴影，微笑面对挫折和人生，这应该是他重获新生的关键。

只是双腿无法站立，却有更多的方法来延续自己的梦想。挫折来临时，人们困惑、悲伤甚至失望，但只要意志坚强，依然能将生命奏响动人的旋律。人最应该战胜的是自己的心，没有任何人会事事顺利。面对挫折一定要保持健康的心态，就如马克思说过的："美好的心情，比十副良药更能消除生理上的疲倦和痛楚。"

每个人都应该学着面对挫折，坚定自己的意志，敢于挑战困难。在生活中走出属于自己的路，不惧波涛汹涌，最终到达光辉的对岸。

失意时懂得勇敢面对挫折

没有谁的生命会一直鲜花怒放，在某些不被注意的角落里，也会长出一些荆棘，这些荆棘并不是想要阻碍你成功，而是想让你更加珍惜花朵的美丽与芬芳。可是，大多数人遇到它们的时候，总错把它们当成了自己失意的原因。

我们完全有能力越过荆棘，继续昂首挺胸向前奋进。也许有时候你并没有注意到那些荆棘，不小心被它们伤害，但是那些小伤完全不会影响你继续向前走，不要把它看成巨大的阻碍，而应该当作成功路上别样的风景。有些人在遇到荆棘之后，不敢越过它们，在它们面前变得胆小，开始退缩。要知道，可能那都只是假象，它们已经干枯了，不要不敢往前走，不要让那些挫折成为你成功路上无法跨越的障碍。

那些失败的人，很多时候都是被自己心中的荆棘绊住了前进的脚步，被自己打败了。

阿德勒是奥地利心理学家，他是个垂钓爱好者。阿德勒在一次钓鱼过程中，发现了一个有趣的现象：鱼儿在咬住鱼钩之后，会因为疼痛而疯狂地挣扎，这种挣扎会使鱼钩刺得更深，更加难以挣脱，即使咬钩的鱼侥幸逃脱了，那枚鱼钩也永远钩在鱼嘴里。所以，经常钓鱼的人对于钓到嘴里有两个鱼钩的鱼并不会感到奇怪。鱼儿确实太笨了，阿德勒从这种现象中提出了一个心理概念——"吞钩现象"。

我们每个人都会犯错，有些错误会导致我们失败，那么这些错误就好比我们人生中的鱼钩。我们无意咬住了鱼钩，之后不断挣扎，却一直无法摆脱。即使度过了失败的日子，这些过失也会深深留存于内心深处，在一次失败之后，心里还是残留着之前鱼钩的阴影。

消极对待失败的态度是阻碍我们走向成功的绊脚石，真正打败我们的并不是荆棘，也不是鱼钩，而是我们遭遇挫折后内心反复折磨自己而产生的阴影对此后奋斗精神的破坏。

人总是无法面对那些不太好的结果，因为不想让那些自己不愿意接受的事实将自己内心的阴影激活。这种对失败的恐惧会导致我们无法靠近成功，不想激活心理阴影其实正是一种害怕失败的表现。

你总在担心会受到某些情绪某些事情的困扰从而使自己受到情绪的折磨，但事实上这样的想法已经在折磨自己了。因为你心里很清楚某些情况，只是强迫自己不去想起罢了，但是又不可能真的不在乎，所以你还是在受到困扰。

其实，你完全没必要这样做。经历过失败不可怕，因为还会有成功的机会，不承认失败的存在就不可能成功。

"怕败者败！"诺拉·普罗非特是一位美国作家，她在提及自己的写作生涯时，非常懊悔地说到了自己因为害怕失败推迟了好多年才享受到成功的喜悦，"就是由于我害怕失败，让自己付出了很大的代价，致使我的心血白白浪费了很多。"

普罗非特在多年前的一个晚上在纽约观看了萨洛米·贝的首次个人演唱会。当时的萨洛米·贝还是乐坛新秀，她的歌声非常舒展柔美，好像行云流水，这让普罗非特十分陶醉。当时普罗非特刚开始尝试写作，看过演出之后很想采访贝，写一篇关于贝的唱歌的成就。

为了防止被拒绝，普罗非特非常严谨地组织自己的措辞，尽量让自己说话的口吻听上去像一名专业作家。"贝小姐您好，我是诺拉·普罗非特，我想写一篇介绍你歌唱成就的文章投给《幽香》杂志，我有机会约您谈一谈吗？"

对于刚刚开始尝试写作的普罗非特来说，她从来没有向《幽香》这样的畅销杂志投过稿，不仅如此，她对贝的歌唱事业也一无所知。

"好啊。"贝回答说，"我现在正在工作室录制唱片，你可以直接过来，把你的摄影师也一起带来吧。"

还要带摄影师，可是普罗非特当时认识的人当中连用傻瓜相机的都没有几个，现实让她之前的热情都消失了。

贝看不见普罗非特，自然不知道她的心理活动，继续说："我还可以将有名的《头发、公子和高速路》唱片的制作人高尔特·麦克德莫特介绍给你认识，采访时间就这样定了，我们约在下周二，可以吗？"

普罗非特毫无兴奋的感觉了，并且感到自己快要窒息了。在接下来的几天里，普罗非特大量查找资料，了解高尔特·麦克德莫特是什么人，同时费尽心思找到了一位小有名气的摄影师——她的中学同学，在她的一再恳求下那位同学终于勉强答应了普罗非特的要求。

终于，星期二来了，采访虽然紧张但还是顺利结束了。普罗非特有种解脱了的感觉，剩下的一星期，她把自己关在家里，并不断提醒自己，你没有写作经验，不要自欺欺人，你写出来的文章连小报纸都不会刊载，更别说那样有名气的杂志了。

在普罗非特不断的自我否定中，稿子终于写完了，她将稿子装进信封投出去之后就在想，要多久才会收到退稿信呢？

《幽香》杂志很快便有了回复，三个星期后，普罗非特就收到了信，果然是她寄出去的那个信封，里面装着她的稿子。普罗非特觉得恼怒极了，骂自己不自量力，怀疑自己能否继续走作家这条路。

普罗非特当时就放弃了，甚至没有去看杂志给她的退稿理由，直接将信封丢进了抽屉，想要尽快忘记这一切。

后来因为她要搬去萨克拉门托去当推销员，搬家前在整理房间时看到了那封信。信封上的字迹是自己的，但是她已经忘了这封信的内容，并且怀疑自己为什么要写信给自己。疑惑的她将信封打开，开始读信的内容。不一会，她就脸色发白，看上去情况很差。信的内容如下。

普罗菲特女士：

我们读了您的文章，非常精彩。我们还需要加上一些别人曾经对贝的评论。请您将那些评论补充完整，立即将文章寄给我们，便于我们在下一期刊载。

其实，害怕失败往往比失败本身更糟糕。普罗非特就为此付出了很大的代价，她花费很多心血写的文章白费了，她的稿费也没有了，最糟糕的是，她推迟了很多年才享受到写作的快乐。

特别多的失败都是像这样由自己亲手造成的，一味地否定自己的能力，害怕失败，失去了前进的勇气，隔断了努力的力量之源，同时破坏了追求梦想的热情。

很多时候失意时是命运考验你能否经得起成功的时候，如果在这个时候看低自己，那么又如何获得成功呢？

对自己宽容一点，人生才会更加快乐。用宽广的心胸去面对失意，在不成功的时候要学会自己宽慰自己。要知道：心宽一尺，路宽一丈。那些心胸宽阔的人，人生的道路会越走越宽，日子也会越过越红火；心胸狭隘的人，人生之路会越来越窄，日子也会越来越没有生机。对待别人是这样，对待自己更是。

这个世界上，没有人能将你打败，是那些荆棘与鱼钩成了我们前进道路上的羁绊。我们要做的，是将它们从心里挖走，从体内清除，时刻提醒自己要勇敢地面对挫折，时刻激励自己奋勇向前。用不了多久，你就会看到，尘埃中开出的美丽花朵正在向你微笑。

学会做自己命运的主人

一个人所扮演的角色，会改变自己的自我感觉。

一位名叫罗纳德·汉弗莱的心理学家在 1985 年设计了一个模拟的商业办公室的实验。实验过程中，研究人员让所有参加实验的人用抽签的方式来决定自己的角色——可能是经理，或者是雇员。角色选择好以后，研究人员让这些人在屋子里假装在真正的办公室里办公，"经理"负责比较高级的工作，同时分配工作给"雇员"；"雇员"去做比较低级跟琐碎的工作，服从"经理"的管理。

实验结束后，研究人员采访了这些接受测试的人，让他们互相评价一下大家在工作中的表现。

结果发现，所有参加测试的人都觉得"经理"更加有智慧，更加自信同时乐于助人。好像大家都已经忘记了这些"经理"只是被随机任命的。

是什么导致了这样的情况发生呢？原因其实很简单，当一个人被"放置"在某个比较高的位置上时，他就会认为自己应该有能力做出非常出色的表现；相反，反之，当一个人所处的位置相对较低时，他就会倾向于认为自己的能力不如别人。即使这样的"放置"是随机的。换一个角度来说，一个人所扮演的角色也会改变一个人的自我感觉，扮演消极角色的人，会在心里觉得自己本来就是消极的，是自己的问题而并非角色的问题。

也是因为角色对人起到的心理作用，所以改变一个人的角色定位就非常困难。但是，假如一个人能够有意识地重塑自我的感觉，那么改变角色就会很顺利很自然。我们可以让自己在众多的社会角色关系中明确自己的职责，这样能够让自己更加轻松地面对复杂的关系，更加从容地应对工作。

在一座山上，住着一位大师，有一天，一个小和尚过来找大师请教问题：人生最大的价值是什么。大师听了问题之后并没有直接回答，而是让小和尚去后花园搬一块石头去市场卖。

第一天，小和尚抱着石头去了菜市场，在那边，一位妇人想要花20元钱买这块石头，她想拿这块石头回去压酸菜。第二天，小和尚将这块石头抱到博物馆去，很多人围观，大家都对这块石头感到好奇，觉得它像一尊神像。第三天，小和尚抱着石头去了古董店，在那里，还是有很多人对这块石头好奇，都在猜测石头是什么材质，出土年代是什么时候，有位收藏家甚至愿意出2000元来买这块石头。

通过这个故事我们能够了解到，人只有找到适合自己的人生舞台，才能使自己发挥出最大的人生价值。除了自己，任何人都不能给你下任何定义。

不要太在乎别人眼中的自己，最重要的是自己看重自己，我们选择什么样的人生舞台，就会拥有什么样的人生。所以，想要获得更好的发展，首先应该为自己找到一个合适的人生舞台，能够让自己充分发挥自身价值。

一艘在海上航行的船，如果没有目标的话任何方向的风都是逆风。一个人会是杰出的人还是平庸的人看的并不是天赋、机遇跟能力，而是要看这个人有没有目标。成功的人之所以能够领先于其他人，是因为他们在起点就领先了一大步，他们从一开始就知道自己要往哪里走，并且会努力完成自己的目标。大多数的人也有自己的目标，但是在前进的路上遇到自我阻碍，使目标成为缺乏行动的空想。

想要成功，就要站在正确的位置上调整好自己的心态，并且努力行动。要记住一句话：成功者找方法，失败者找借口。

懂得给自己一个合理的定位

曾有人说过这样一句话："一旦站错了位置，你就成了垃圾。"话虽残忍，但是也有道理，一个人就算再有才华有能力，如果没有找到发挥自己能力的地方，那就是没用的。只有找到适合自己的舞台，才能帮助你得到社会的认可，这需要我们在面对真实自我的基础上给自己一个合理的定位。

我们每个人都是独立的个体，拥有自己独有的特点。正是这种独立性将我们与他人区别开来。所以任何时候我们都不要因为自己与别人不同，或是被大多数人的态度左右，导致迷失了自己。

首先，要有明确目标，知道自己想要什么。如果一个人连自己想要什么都不知道，是很可悲的。只有明确自己的目标，才能为了这个梦想去努力坚持，必要的时候甚至能为梦想放弃一切。

其次，脚下的路只有自己清楚。我们每个人都有自己独有的个性，并且在社会中占据不同的位置。想要活出自我，就要找准自己的"位置"，因为只有这样才能合理地发挥自己的潜能，描绘出属于自己的人生蓝图。

第三，选择适合自己的职业。作为独立的个体，我们应该对自己有一个合理的社会角色定位，在充分了解自己的基础上，为自己找到合适的职业位置。

第四，喜欢的才是合理的。不管在面对什么的时候，给自己定论都必须要用适合自己的尺度和标准。我们发现一个定律，就是人们大多在做自己喜欢的事情时才能全力以赴为之奋斗到底。

第五，放弃跟老鼠赛跑。要记住，我们选择了一件事情，就相当于将自己定位在这样的位置上。人总是在做选择，选择了这件事就意味着要放弃另外一件事，永远别跟比自己差的人竞赛。

第六，别看轻自己。每个人都有自己擅长的事情，都是这个社会有用的人，都有属于自己的特有价值。不管何时，你都要记住自己拥有别人无法拥有的优势，只要懂得并且善于运用，给自己一个正确的定位，就能实现自己的梦想。

第七，做自己的主人。除了自己，别人给予的帮助都是有限的，过高期望总会让自己失望。自己不努力一般很难得到意外的收获，只有自己才能拯救自己，要做自己命运的主人。

失意时，不总为自己找借口

大多数的人，不论做什么，总会有各种各样的借口。

冬天太冷，夏天太热，秋天容易乏，春天风沙又大，等等。工作中，不适应新的环境，对刚上线的产品不熟悉，跟合作伙伴不合，时机不成熟，等等。

我们还总是会说，没人告诉我发生了什么，没有跟我说这件事要怎么处理，等等。

最后，我们会说，因为命运的关系，所以我们失意。

要是不管什么时间什么事情，你都总是为自己找借口，那么你就会经常感到生活中存在各种各样的失意，并且它时时刻刻围绕在你周围，让你感到绝望窒息，到最后不断抱怨"命运如此不公"。

即使人生很不公平，但是任何关于命运的说法都不能成为你停滞不前的借口，因为再华丽的借口都不能帮助你成功。将借口放到一边，对自己的失意负责，找到成功的方法，这才是迈向成功的健康态度。

当失意来临，有的人会找各种各样的理由来解释，主要目的是想向别人表达：这次失误不是我的错。可能有时候这些理由是成立的，但经常为自己的失意找借口等同于找借口失败。

我们面对失意的时候，可以原谅自己，不再让自己体会失败的滋味，以此重新开始。但，原谅自己并不等于理所当然为自己找足够的借口，原谅自己的前提条件就是首先必须承认自己的错误，而不是一味为自己要理由与借口。

我们在奋勇向前时应该做的，不应是给自己带来消极情绪，而是要将别人拥有的积极条件纳为己用，并且坚持下去，在奋斗的过程中勇往直前，不被负能量左右。经常会有人说，只有富有的人才能成功，因为他们有成功的前提条件跟资本；只有健全的人才会获得成就；只有漂亮的人才能当明星，等等。要知道，这些只是失败者为自己的失败找出的借口，并不是事实。

我们经常会看到媒体宣传展示成功者：他们家境平庸却终成大事，相貌平平却被万人瞩目，身残志坚获得巨大成就。史蒂芬·霍金就是最好的例子，如果你看到过他的样子，或者看过他的采访了解他的成就，或者仅仅只是看过他的照片，应该就再不会总是为自己找各种各样的借口了。

史蒂芬·霍金是《时间简史》的作者，这本书的发行量上千万，可以说，没有任何一个科学家能像他这样。在西方国家，如果说谁没有读过《时间简史》这本书，甚至会被看做没有受过教育，据调查，全世界平均每500个人就拥有一本《时间简史》。

史蒂芬·霍金在20岁的时候前往剑桥大学攻读博士学位，就在这时，不幸降临了。年轻并且博学的霍金被诊断患上了肌肉萎缩性侧索硬化症，会在很短的时间内全身瘫痪。厄运不止如此，后来，他又因肺炎进行了穿气管手术，至此，霍金变成了一个不能说话、不能行动的人。尽管霍金身心都受到巨大的创伤，但是他却从未放弃过努力，虽然他连基本的生活小事都需要别人照顾，连看书都需要依靠别人将每一页书摊开在桌子上，然后驱动轮椅犹如蚕吃桑叶般地逐页阅读，但他并没有因此放弃过自己，放弃自己的追求。因为身体原因，他付出了比别人多出十倍甚至更多的努力，才取得了今天的成就。他被誉为在世的最伟大的科学家，还被称为"宇宙之王"。

虽然霍金身体受到了严重的伤害，都不能行动了，但是他依然成为了伟人。霍金用他的方式告诉我们，任何的困难都不能成为阻碍成功的理由。只要拥有顽强的意志与坚持下去的勇气，再加上自身的勤奋，不管环境与现实如何艰难困苦，都无法阻挡一个勤奋者前进的脚步，每个人都能创造奇迹。

在失败面前，人们大多有两种态度：一种是总结出失败的经验，为下次向成功迈进找出努力的方向；另一种则相反，为自己找诸多借口，来解释自己的失败，认为失败都是别人的过错，与自己关系不大。

我们的周围总是会出现这样的人，他们经常怨天尤人，只会推卸责任，一味逃避现实，总是不断换工作，每一次在新工作刚开始时，都充满激情，但最终都以种种理由结束。这样的人从来都不去思考自己存在的问题，同一种错误都会一错再错，每一次都会有不同的借口。

当我们与成功的人接触时，都能够察觉到他们从来都不会为自己消极条件抱怨，从来都不去埋怨别人，也正是因为这样，他们一直都给人一种积极乐观努力向前的感觉。他们即使失败了，也失败的很洒脱，依旧风度翩翩，令人敬佩。因为，我们会从他们的每次失败中看到成功的曙光。

在世界著名的西点军校有一个传统一直被广为传颂，遇到军官的提问，只能有四种答案："报告长官，是的！""报告长官，不是！""报告长官，不知道！""报告长官，没有借口。"除了这四种答案，不能多说任何一个字。"没有任何借口"是西点学校奉行的最最重要的行为准则，西点军校将这一理念灌输给每一位新生。这一理念告诉每一位学员，没有完成任务不能有任何借口，哪怕是看似合理的借口，强化每一位学员想尽办法完成任务的意识。

虽然我们不是西点军校的学员，但是这种理念也可以拿为己用，失败真的没有任何借口，人生亦然。一味去谈论其他理由只会让人厌烦，不会让你成功。

坚韧强大，让失意变成辉煌

我们每个人都曾经有过这样的梦想，想要成就一番事业，有所成就，闯出属于自己的天地。想要品尝胜利的果实，想要有自由翱翔的空间，想要人生变得绚丽多彩。

不过，现实往往很残酷，我们总会遭遇许多苦难与艰险，它们是我们前进路上的绊脚石，会消磨我们的意志，打击我们的自信心，将我们的斗志瓦解。我们总是会在现实和理想的纠结中感到苦恼，找不到未来要走的路。我们靠意志支撑着自己，却始终看不到成功的希望。这时，我们就需要一点韧劲，不断使自己的内心强大，在困境中努力找到突出重围的出口，在没有退路的情况下发现生机。

拿破仑·希尔是美国成功学大师，他曾经说过这样一句话："成功的秘诀就在于，拥有坚韧的意志，不惧怕失败。"北宋著名的文学大家苏轼也有一句名言流传千古："古之立大事者，不惟有超世之才，亦必有坚韧不拔之志。"拥有了坚韧的性格，就等于拥有了克服一切困难的利器，拥有它的人，即使失败了，也会马上站起来，用更大的决定坚定地往前走。种种事实也告诉我们，世界上一切成就大事业的，都是那些别人都已放弃了而他还在坚持的人取得的。一个人，如果能够在困难与挫折面前始终如一，那么他的前程多半是充满光明的！

范仲淹是北宋著名的政治家、文学家。他在两岁时就失去了父亲，跟母亲一起非常艰难地生活，不得已，母亲只好改嫁。范仲淹从小就特别用功读书，为了激励自己，他经常去醴泉寺寄宿读书。那个时候，他生活得非常苦，每天早上他都煮上一大碗稠粥，把它放进盛了水的木盆里，凉了之后分成四份，早晚各取两块，就着几根腌菜，在粥里拌上醋汁，吃完继续埋头读书。虽然生活非常艰苦，但是范仲淹并不在意，仍然日复一日地专心读书。

在这之后，范仲淹有机会去应天书院读书，有了这么好的机会，他当然更加刻苦努力。生活依旧十分拮据的他还是每天食粥，他的同学看到他条件这么艰苦，就送给他一些好吃的。范仲淹一口都没有吃，谢过他的同学，并说："我已经习惯了画粥割斋的生活，怕自己享受过美味的餐食之后，就不吃粥跟咸菜了。"范仲淹这样的生活跟孔子的贤徒颜回很像，颜回也是，一碗饭，一瓢水，身处陋巷，别人都叫苦不迭，但是他却乐在其中。

就这样年复一年，刻苦钻研的努力没有白费，范仲淹最终考取了功名，成为一代名臣，他所写的名篇《岳阳楼记》更是流芳百世。

那些成就了大事业的人，不只是因为他们拥有卓越的才能，还因为他们具有坚韧不拔的意志。很多人做事情之所以没有成功，不是因为他们没有才干，而是因为他们缺少坚韧不拔的毅力。

一个人如果拥有顽强坚韧的意志，那么他的人生字典里就不会出现"不可能"这样的字眼，所有的困难与阻碍都不能使他跌倒，所有的困境与不幸都不会使他灰心。劳苦不能使他们灰心丧气，厄运也不会消磨他们的意志，不论遇到什么样的艰难困苦，他们总会坚强地忍耐，即使失败了，他们也会用更加强大的决心，更大的勇气站起来前进，一直到取得胜利的时候。

成功最大的敌人就是遇到困难时心理意志的丧失。生活中遇到困难是在所难免的，我们要有战胜它们的信心，不能害怕失望，更加不能丧失自己的韧劲。一个人如果没有坚韧的意志力，那么他做任何事情都是不可能成功的。

学会幸福，在失意中寻找幸运

约翰总是说自己是世界上最幸运的人。举个例子，他在点烟时不小心烫到手指头，会大声地感谢上苍："我真是太幸运了，竟然没有被火烧掉头发！"朋友跟他借钱时，他也没有着急心烦，而是开心地说："我是多么的幸运啊，朋友在需要帮助的时候能想到我。"

其实，幸运与幸福是一样的，都是一种内心自我认可的感觉。当你觉得自己已经特别不幸时，还有更多的人正在经历着更大的痛苦。经常提醒自己"我是世界上最幸运的人"，会给你无穷的正能量，鼓励你勇敢向前。

姚明曾经这样跟他的朋友说："生活能选择么？不能，它会永远像现在这样，我羡慕你清闲，你羡慕我有钱。"人总是这样，对自己已经拥有的视而不见，反而对自己没有的耿耿于怀。

A跟B是大学同学，毕业多年后偶遇，A成了商场精英，B是小有名气的作家。两个人喝过酒后，A哈着酒气说："我现在有了房子、车子，甚至有了属于自己的沙滩，该有的物质条件我通通都有了，我什么都不缺了。"

B猜想A是要跟自己炫富，于是就顺着他的话说："是啊！你该有的都有了，我真是羡慕你，剩下的人生你可以好好享受了。"

可是A摇了摇头，一脸失落地说："虽然我物质上什么都不缺了，但是我心里特别空虚。每天的生活重心就是养生，人生毫无趣味。其实我很羡慕你，每天写写文章，偶尔还能出本书，活得多自由。"

小孩子羡慕大人可以自己做决定，大人羡慕小孩子自由自在；普通人羡慕名人光芒万丈，名人其实羡慕普通人的安宁平凡；李四羡慕张三在外闯荡世界，张三羡慕李四能够每日与家人在一起，等等等等。

当我们在羡慕别人的时候，很可能别人也在羡慕我们，没有谁的人生是完美的，我们在欣赏别人的风景时，也不要忘了看看自家的花园。

残疾画家谢坤山在 2003 年受邀出席广州市少年官蓓蕾剧院的演讲报告会。

说起自己充满坎坷的人生经历，谢坤山非常感慨。他说，自己 16 岁时就因一场事故失去了双臂与左腿，后来，他的右眼也失明了。但是，他通过自己的努力用下巴、嘴巴和残存不到 20 厘米长的右臂削好了一只铅笔，用嘴巴咬住笔慢慢画出了绚丽的色彩，这个时候，他大声地告诉自己："这个世界上最棘手的事情，都不是用手完成的！"

十几年过去了，谢坤山通过自己艰苦卓绝的努力成为一位知名画家，不仅如此，他还把自己的经历"咬"成了一本 10 多万字的书——《我是谢坤山》，书中讲述了自己坦然面对命运的心路历程。

演讲快要结束时，有人向他提问："你是不是在强颜欢笑？"谢坤山非常真诚地说："我之所以这么快乐，是因为我深知自己得到的远比失去的多很多。"

我们大多数人从出生时就说幸运的人：拥有健全的四肢，身体各方面都很健康；在父母家人的关爱照料下健康长大，没有被遗弃或被虐待；接受良好的教育，并且在毕业后找到了工作，能够自己养活自己，同时还能拥有爱情……果真是幸运的人啊！

生活中，我们总是能够听到有人抱怨，说自己得到的太少，失去的太多。当你听到一个没有双臂、失去左腿而右眼又失明的人说自己得到的远比失去的多得多时，又有怎样的想法呢？人们常说："上帝关了一扇门，总会再为你打开一扇窗。"因为，要用一颗感恩的心去看世界，那么你就不会再过分去计较得失，整个人也会幸福很多。

不惧怕输赢，才有赢的机会

能够输得起，是一种人生态度，既然输得起就证明敢于挑战失败，自然就敢于去赢得成功，也就赢得起，也就证明了，能输，就有赢的机会。一个人假如从来都不知道失败是什么，那么他应该是从来都没有付出过努力去争取成功，那样自然用不会失败，但也不会取得成功。

我们在失意的时候，应该学会享受它，因为那代表了自己将会有机会提高自己的能力，这次失败输了多少，下次都有可能赢回来，甚至赢更多。

王义夫曾是奥运赛场上越战越勇的射击选手，现任中国国家射击队总教练。曾经有人这样问过他："你有没有想过，假如输了怎么办？"王义夫轻松地回答说："那没什么，因为我们都是在成功与失败的反复交替中成长起来的。我能输得起，也就能赢得起。"

牌局上，总是有人因为输了而闷闷不乐，有的人还会大发脾气。这个时候，经常会有人说"输不起就别玩儿。"人生有时就好比打牌，往往是越担心摸到坏牌就越会拿到坏牌，小心谨慎，犹犹豫豫反而输的可能性越大，倒是那些敢于出牌的人成了赢家。努力奋斗的路上也是这个道理，总担心自己会失败的人越是容易失败，正是因为怕输，所以连赢得机会都没有。

美国第34任总统艾林豪威尔在小的时候特别喜欢和家人一起打牌。艾林豪威尔在打牌时有个特点，就是牌好的时候整个人会特别兴奋，牌差的时候就没有精神，甚至会中途弃牌不玩，这一习惯总是会让大家很扫兴，他的母亲对此非常担忧，总想找机会好好跟他谈谈。

一天晚饭过后，他们一家人跟往常一样又开始打牌。这次艾林豪威尔的运气特别差，每次都抓到很差的牌。刚开始时，他还仅仅只是抱怨一下，后来他实在忍不住发起了少爷脾气，又想摔牌不玩了。在一旁看着的母亲对他说："既然要玩，你就必须用手里的牌打下去，不管牌好牌坏，好运不会永远跟着你！"

艾林豪威尔听不进去母亲说的话，还是愤愤不平。母亲又耐心地跟他说："其实人生好比打牌，上帝在发牌，不论发到你手里的是什么牌，你都必须拿着，都必须要面对。你应该做的是让心平静下来，然后认真对待，把自己的牌打好，争取用不好的牌打出好成绩，这样打牌，这样对待人生才有意义。"

人生好比赌局，没人会是永远的赢家，也不会有人一直输下去。一个人只有经历了失败的磨炼，才能享受成功的果实。在失败时，对自己说，自己还能赢得起，这样不断提高自己的能力，加强自己的素质，让自己拥有更高的起点，获得更大的成就。

总是担心自己会失败，害怕输，就注定会是输，只有不怕输，才能赢得胜利走向成功。人生当中的输赢，更多的是拼心态，想赢就必须先要敢于承受输。在战场上，人们关注的并不是一城一池的得失，而是谁才是最终的胜利者，谁才能笑到最后。而我们应当关注的也不应该是一次两次的局部失败，而应该不断朝着自己期望的目标不停迈进，最后达到自己的目的地。所以，当失败来临时，不要泄气，要从失败中吸取教训，要努力赢取最终的胜利。

输得起的人，证明他有输的资本，这远比那些从来未曾失败的人要好太多，因为当你有输的资格时，同样也获得了赢的机会。

失败不要紧，无非就是从头开始，困难会使一个人变得更强大，等从新开始时就能扛住更大的风雨，失败的几率也会随之减少，成功的几率也会大大增加。

要能赢，也能接受输，失意不要紧，还能重新得意。了解了这些，就没有必要瞧不起自己，让那些失意变成我们人生路上的垫脚石，帮助我们站在更高的地方。别怕输，因为我们既然输得起，也必然能赢得起。

只有自己才是自己的救世主

有个公司经理，将自己全部的财产都放在一种小型制造业投资上。因为世界大战爆发的关系，他没有办法取得工厂所需要的原料，只好宣布破产。失去了财产使这位经理特别沮丧。他抛下了自己的妻子儿女，成为一名流浪汉。但是，他一直没有办法忘记自己经历的事情，没法不去计较自己的损失，越来越难过，到最后甚至想要自杀。

很偶然的，他看到一本名叫《自信心》的书。书中的文章给他带来了勇气与希望，他决定找到这本书的作者奥里森·马登，想请马登帮助他再次站起来。

他几经周折找到马登本人，跟他诉说了自己的故事，马登听完后对他说："我已经用自己最大的耐心听完了你的故事，我很想帮你，但是我也无能为力。"

这个人听完马登的话立刻变得脸色苍白，低下头喃喃地说："这下我完蛋了。"

马登停顿了一下，跟他说："虽然我不能帮你，但是我可以介绍你去见一个人，他有办法帮你。"

马登话刚说完，这个流浪汉就跳了起来，抓着马登的手激动地说："上帝保佑，请带我去见这个人。"

于是，马登带着流浪汉走到一面高大的镜子前，用手指着镜子里的人说："我要为你介绍的人就是他，在这个世界上，只有他才能帮你东山再起。除非坐下来，真的了解这个人，否则你只能去投湖。因为，在你对他有了充分认识之前，对于你自己或者这个世界来说，你都将只是个没用的废物。"

流浪汉朝着镜子往前走了几步，用颤抖的手去摸了摸他长满胡须的脸，从头到脚地打量了镜子里的人几分钟，然后退后几步，低下头哭了起来。

没多久，马登在街上无意遇到了这个人，几乎快要让人认不出来了，他整个人变得特别精神，从头到脚都打扮一新。

流浪汉对马登说："那一天我离开你的办公室时，还只是一个特别失败的人，我对着镜子找到了自己的自信。通过自己的努力找到了一份年薪3000美元的工作，我的老板人很好，先预支了一部分钱给我的家人，我现在对人生又充满希望了。"他还风趣地对马登说："我正想要去找你呢，我想跟你说，未来的某天，我还要再去拜访你一次，那次我要带一张没填金额的支票，签好字，收款人是你，由你填上数字。我要感谢你介绍我认识了真正的自己。"

当一个人感到没有一切外力帮助的时候，就会尽最大的努力，用最坚韧不拔的毅力去奋斗，因为救助自己的只能是自己的努力，必须依靠自己自力更生，不然就要忍受失败带来的痛苦。

困难来临时，很多人的大脑里都会闪现出"谁来帮帮我"这样的想法。但，那些成功人的经验告诉我们，在困难时，真正能救自己的人只有自己，很多时候没有人能够真正地帮你，能依靠的只有自己。

生命真正意义上的开始是发现自我的存在。我们生命中的每一时刻都是新的发现，每个时刻都会带来新的快乐，一个新的难解之谜打开了它的门，会有崭新的爱在我们心里滋生。

通常情况下，我们只要做自己就好，让内心得到自由，让自己的人生在快乐中度过。要明白，忠于自己就是忠于成功。

低调睿智才是真正的人生

《菜根谭》是明朝洪应明所著的一本著作，其中有这样一句话："地低成海，人低成王"。这句话很好解释，地低的地方，就可以积聚雨水，地势越低的地方，积聚的雨水就会越多，那样便可以汇聚成江海。越谦虚的人，就越能够容人，那么贤能之士就越愿意为这样的人效劳，自然会成为成功的人。

为了请出诸葛亮，刘备不惜三顾茅庐，他这样的态度就注定了他以后可以成就一番事业。但是，刘备后来为了给关羽报仇，征伐东吴，并且刚愎自用不听忠言，最后惨败给陆逊。

"成王败寇"好像变成了一个定理，张扬自我成了一种时尚，有很多人都认为做所有事情都要做得轰轰烈烈，变得非常高调赢得别人的关注。但，做一个高调的人，做高调的事，不仅仅能引起他人重视，而且很可能会遭到攻击，情况轻一些会影响情绪，情况重的会给自己招来麻烦。

我们身处复杂的社会，要学会低调，那是一种博大的胸襟，一种睿智的情怀，一种成熟的人生态度。用这样的心态去面对我们的人生，我们就会变得更有品位，更有内涵，同时更加成熟，容易与人接触被人接受，同时会为自己赢得一片广阔的天地，成就一份完美的事业。

李嘉诚曾说："低调一些，才能避免树大招风，才能不变成别人进攻的靶子。"

不过分显示自己的才能，就会减少别人对我们的敌意，因为别人无从了解你的真实实力。很多时候，在荣誉面前对别人谦让一些，在利益面前对他人宽容一些，当你不在意这些东西时，自然可以脱离荣誉跟利益带来的纷争，人际关系会变得融洽，会容易得到大家的尊重与支持。

有一个特别好的道理，就是世间的万事万物，都是起于低的地方，成就于低的起点。不久前，在职场出现了一个新的名词，叫做"凹地效应"，意思就是说某个事物因为具有某些特征或者优点而对另一些事物产生了吸引力，导致这些事物都向这个地方聚集。

从字面上来解释，凹地，必然存在地势低的特点，这也就反映了"地低能纳海"的意思。因为是凹地，所以就能够聚势，人生要是想聚势，跟他人融洽相处，有人扶持，就一定要让自己先"凹"下去。

这同时也说明，人要将自己的位置放得低一些，要知道，碗之所以是凹下去的，才能装得下饭菜和美味佳肴，能供我们使用，如果碗的形状是一个拱形，那么它就装不了任何东西，人也就不会用它了。所以，我们也要让自己的处事态度是"凹"的形状，这样才能容纳"各种美食"，让我们吃饱。

"凹"首先是要谦虚，能够学会虚心求教，不骄不躁，能够聆听别人的意见，不摆架子等。再有就是包容，拥有宽广的胸怀，那样自然能够海纳百川，不会为了小名小利计较。比如林肯，他被一名士兵骂做"狗婊子养的"却仍然不去理会，还帮助了那位士兵，我们不是让大家做受气包，而是告诉大家不必跟弱小群体计较，他们一定有他们困难的地方，同样的，也不要去瞧不起他们，我们自身有气度，别人会更加崇拜。另外，要善于倾听，耐心听完别人说话是对他人的一种尊重，不管对方对与错，都不要露出不耐烦的情绪。要正视对方，许多人就是因为耐心听完了别人的述说，才得到了许多意外的收获。而且多听别人说话，自己少说一些，可以避免别人认为自己在发号施令，这样会减少许多负面影响，那么何乐而不为呢？

第八辑

未曾狭隘的人，不懂宽容

　　我们在面对各式各样的问题时，心态其实很重要，好的心态能够帮助我们更好地解决问题，凡事给人留有余地，遇到机会也可以送给别人，做一个豁达宽容的人。

懂得宽容，别人会为你开扇窗

机会这件事，可能是你给别人，或许也是别人给你。所以，给别人机会就等于是给自己机会。这是一种相互赠与的行为，当你愿意把机会给别人时，相对的，对方也会愿意在下次给你机会。那些自私的人会觉得，我一定不要给别人机会，因为跟我没关系。而心胸宽大的人想的是：给别人机会是美德，多留一些机会给别人，不去轻易地否决他人。不同的想法会导致不同的做法，但是负面的做法所得到的回应也会是负面的。

一天，阿伦在下班回家的路上看到一位拉着行李箱在卖牙刷的销售员。他之前就见过这个销售员几次，但是每次都假装没有看到，因为阿伦心很软，他下意识地不想被推销，因为他知道自己肯定会买的。

这次他又从销售员身边快速走过，但是错身的时候，对方突然说道："先生，这牙刷特别便宜，而且真的很好用，要不要看看？"

阿伦看了销售员一眼，冷漠地摇了摇头，想要继续往前走。

"先生，给我一个机会，只要耽误您几秒钟的时间就好，让我向您介绍这支牙刷。"

也不知怎么回事，"给我一个机会"，莫名地打动了阿伦，他停下脚步看着销售员。

他都记不得销售员是怎样跟他推荐的了，只记得自己觉得牙刷真的很好，而且很便宜，就买了六支。销售员在分别的时候还给了阿伦一张名片，说："先生，这是我的名片，如果您的亲朋好友想买牙刷，可以打给我，我叫钱秦。"

之后，真的有阿伦的亲戚通过他买了几支牙刷。

一年之后，阿伦公司裁员，他不幸失业了，接连找了几个月的工作，都没有找到。突然，阿伦接到了钱秦打来的电话。

"阿伦。"

"钱秦啊，我刚想要打电话给你。我有位亲戚想跟你买牙刷呢！"

"我正想跟你说这件事呢，我已经不卖牙刷了，如果你以后有需要，可以找我同事。你最近还好么？"

"不太好。实不相瞒，我失业了。已经找了好几个月的工作，但是一直没找到。我本来还想找你跟你一起卖牙刷，没想到你已经离职了。"现实的压力让阿伦眉头紧锁。

"那真是太巧了，我刚跟几位朋友一起合伙开了家贸易公司，正好缺一位英文业务主任，我记得你英文挺好的，要不要来试一下？"钱秦没有忘记当初自己刚刚做销售员，一连几天都没有卖出去几支牙刷，但是阿伦激起了他的信心，给了他机会，因为阿伦一次买了六支牙刷。

阿伦仿佛看到，笼罩在自己头上的乌云散去了。

这个故事也告诉了我们，给别人机会就等于给自己机会。人跟人之间的相处，没有固定的模式说谁会永远处于劣势，也没有人会永远处于优势。真心为他人着想，给别人机会，就等于是给自己留了一条后路。

张明在加拿大读 ESL 时，班里转来一位新同学，叫做威廉。因为刚刚来到加拿大，威廉的口语跟阅读能力都不好，成绩也比较差，而且他还不常来上课，同学们都不太喜欢跟他交谈。

威廉和张明是同桌，可以说张明是他在班上唯一的朋友，总是教他功课，拿讲义给他，画重点给他看。很多人都劝张明，不要跟他走太近，但是基于同学之间的关爱，张明还是想要给他一次机会，想要知道他付了昂贵学费却不来上学的原因。

通过一段时间的了解，他们互相熟悉之后张明才知道，原来他爸爸是某家公司的老总，而他则是外国分公司的负责人，所以外国公司这边一有什么情况，他都要过去处理。他本人其实非常喜欢上学，但是无奈公司事情比较要紧，导致他没法全心投入学习。知道他的情况后，张明决定要帮助他。从此张明利用业余时间为他补习英文，督促他写报告，帮他努力学习通过考试。经过两人的努力，考试时威廉真的及格了，而且成绩还不错。

威廉也很高兴，跟张明说："谢谢你愿意给我机会，把我当作朋友，还这样尽心尽力教我功课，陪我写报告，让我没有因为公司的事情放弃自己的学业。你做的这一切都不求回报，让我在混乱的生意场外感受到了单纯的友谊与真诚。以后你有什么需要帮助的，我都会竭尽全力帮你。"

后来，张明要在加拿大考驾照，需要一辆车来练习。但是由于张明对开车一窍不通，所以没人敢把车子借给他，可是租车的话费用又太高了。

威廉知道这件事后，马上来找张明，并且拿了几把钥匙让张明选。

"你不用担心会把车子刮伤或者怎么样，我这几辆车你可以随便选，等你考完驾照再还给我就好了。你想每星期都换一辆开也行，我把钥匙都给你。"

张明的心里特别感激威廉，意料之中地，张明把威廉的车子刮蹭得很严重，但是威廉却笑笑说："正好给了我报答你的机会。朋友不就是互相帮助的么，钱的事情你不用管了。"

这让张明明白了，给对方机会的同时，也会让自己有意外的收获。不要不停地去计算自己的得失，不要觉得自己高人一等，总想要对方低头受到惩罚。要知道，惩罚不是唯一的方式。

　　另外，一些人在听到或者看到"给别人机会就是给自己机会"这句话时，下意识地联想到爱情。是的，爱情也是这样的关系。你给了别人接近你的机会，也是给自己机会选到对的人。假如不将心房打开，就永远不会发现谁是对的人。生活也是这样，给别人一个机会，也等于给自己一条退路。人生那么漫长，谁也没法预知自己是否会永远这么顺利，所以如果有机会就给别人，不要小气吝啬。施比受更有福。

欣赏对手，人生就会多份机遇

　　福尔摩斯与莫里亚蒂教授是柯南道尔笔下举世闻名的人物，他们两个是死对头，都天资聪颖并且学识过人，但是因为立场不一样，所以一直不断地缠斗。莫里亚蒂是数学界非常知名的人物，但是他还有别人都不知道的一面，是许多事件的幕后推手。福尔摩斯经常识破莫里亚蒂的计谋，但是莫里亚蒂曾经表示非常佩服福尔摩斯。跟莫里亚蒂相同的，福尔摩斯也非常钦佩自己这位旗鼓相当的对手。就是因为两个人立场不同，所以虽然他们对彼此都非常敬佩，但是还是一直处于敌对状态。

　　我们四大名著之一《三国演义》中，诸葛亮特别欣赏自己的对手司马懿。虽然他们是敌对的，但是也不妨碍他们相互欣赏。诸葛亮特别钦佩司马懿的地方就是他坚韧不拔和锲而不舍的精神。要是他们抛开立场的话，肯定会成为把酒言欢的至交。

现实生活中，很多人都是以一种厌恶或者憎恨的心态去看待对手的，但是诸葛亮非常欣赏司马懿，对他另眼相待。诸葛亮曾经这样说："司马懿乃世之英雄。"他们两个人交手过多次，司马懿永远用一种顽强的态度面对各种情况，在战争中不疾不徐，很难让对手大获全胜。他一直让自己保持着一种智慧和谨慎，让人钦佩。

皮尔所在的公司来了一位新经理。

新经理刚来上班就有很多关于他的负面新闻在公司里传来传去。

之所以会有这样的情况，是因为他来公司的第一个星期就开始严格实行新政策。他给每人发了一张单子，上面是上班时间。他让每个员工都必须认真填写，然后每天下班之后交给他，如果他对单子有任何疑问，都会要求对方重新再写。

这件事对于认真工作的员工影响并不大，但是对于爱"交朋友"的员工来说，就是很大的麻烦。所以公司很多人都对他产生了敌意。

就公司而言，他提出了一个好的政策，但是对于员工而言，他的做法就不会得到认同。

因为所处的立场不同，所以人们看待事情的角度也就不一样。所以虽然这位经理工作能力很强，并且工作态度很好，还是有很多人对他不满。我们需要牢记的是，在工作中，处处是敌人的同时也处处是朋友，就看你如何看待了。

人们彼此敌对很多时候是因为立场不同，如果能将心态归零，那么你会发现两个人可能很有默契，没有什么事情需要那么执着。

艾瑞丝是一位有多年教学经验的英语老师。当她到这家单位应聘的时候，老板很赏识她，所以就给了她很大的发展空间。艾瑞丝上课轻车熟路，有时候会太过活泼，所以课堂上偶尔会有种闹哄哄的感觉。这家公司的前台朵利小姐同样是位经验丰富的员工，两个经验丰富的人在同一间办公室待着难免会产生

"可怕"的火花。

她们两个好像处于一种制衡状态，朵利一直盯着艾瑞丝，看她上课时有什么不好的地方，甚至还给艾瑞丝"教学示范"。艾瑞丝觉得自己不需要前台员工来教自己上课，心里很不高兴。但是朵利觉得让老师遵守规范是她的本职工作，所以不断地向老板"报告"。终于，在一次会议中，她们越说越着急，眼看就要吵起来了。

艾瑞丝对于朵利的种种做法非常不满，对于她向老板报告的举动更是反感，而朵利又觉得自己是对的，最终两人撕破脸皮，局面不可收拾，变成了她们中只能留一个。

结果是艾瑞丝气愤地提出辞职。

艾瑞丝走之前，朵利来到她的办公室，这一次她是以个人的身份来向艾瑞丝告别。再有解释一下让艾瑞丝离开并不是她的本意，只是职责所在，所以才要那么做。奇怪的是，放下成见的两个人发现竟然很聊得来。

故事有了另一个结局，抛下身份让心态归零的两个人，最后变成了好朋友。原本充满敌意彼此讨厌的两个人，因为对立的立场消失了，反而可以心平气和说话了。

通过这件事我们可以明白，心态归零是消除敌意的最好方法。当我们放下敌意，就可以看见真诚。

人们总是会因为立场不同而变成敌人，哪怕是志趣相投的人。然而抛开立场，再来看看这些人，其实他们并不是我们想象中的那个样子，也有闪光点。毕竟人人都有自己的立场，为公司、为了事业、为了家庭，等等。有时不同的立场会让对立的人产生敌意，但是这种敌意是很脆弱的，同时非常没有必要。所以当彼此对立的两个人将心态归零，将立场放下，单纯地交流，大家就会发现，原来的敌意似乎不存在了。所以，让我们试着将心态归零，那么就会看到敌意之外的真诚。

学会换位思考，体谅别人

不论是在生活中，还是在职场上，因为自身所处的位置不同，人们对于事物的理解也不一样。

领导都希望自己的员工能够百分之百配合工作，管理者希望员工可以发挥最大的才干，而员工又希望得到理解。很明显，因为所处的位置不同，看待事物的角度就不一样，所以就会引发矛盾与冲突。这些负面的情况，往往会让彼此产生敌意，导致事情越来越糟糕。所以，不论你身处什么样的位置，都要心平气和地换位思考，想着这样做合不合理，究竟好不好。能够对他人的想法感同身受，才能让自己心平气和，同时也给对方喘息的空间。其实设身处地为他人着想并不难，只要将心态归零，你就会发现原来很多眼睛看到的事物并没有想象中那么负面。

芬妮在一家补习机构工作，她工作非常努力，并且不聊他人是非，只是安静地做好自己的本职工作。但是她不说是非，不代表她不听。

他们的老板是个要求非常严格的人，总是想要大家能够早早上班，工作时能小声说话，需要加班的时候一定要配合，等等。所以在这家公司上班请假是非常困难的，因为老板会一直问："真的不能来吗？连走路的力气都没有了吗？你这样会让我很为难的，因为如果每个员工都跟你一样，那么我的补习班还怎么经营？如果不能坚持，不如不要上班了！"

公司还有两个喜欢挑拨的同事，他们经常大放厥词，说公司这里不好那里不好。对于芬妮来说，公司制度确实很严格的，但是芬妮以前也自己经营过一家花店，所以她了解这种非常矛盾的心理。当她是老板的时候，她希望员工能够多干活，不要总是闲着，没事儿别总请假。反过来，员工就希望老板别管太多，没事情的时候闲谈一下也没什么。因为所处的位置不一样，所以看待事情的角度也就不同，心态更是完全不同的。

所以，当同事在说公司坏话的时候，她就只是安静地听，从来不参与评论。刚开始的时候，她也曾试图发表意见，希望大家能够为老板想一想："如果这家公司是你的，你会怎么样呢？"但非常遗憾的是，这样做只会换来同事的冷嘲热讽，甚至以为她会去打小报告。

几个月后的一天，芬妮发现那两个最爱说公司坏话的同事没来上班。原来，他们因为诽谤公司，被老板开除了，甚至还要对他们提出诉讼。

很多时候，冲突和敌对的发生并不是因为人本身的问题，而是因为自身所处的"位置"不同而产生的。

有时候，我们只要换位思考一下，就会发现敌对并没有那么严重。就是因为很多人都缺乏这种观念，每天都不停地抱怨，最后导致自己每天都不愉快，连工作都没法好好进行。

老板当然希望员工都努力工作，从而替公司谋取最大的利益。所以才会做出一些规范来限制员工，这样的做法并没什么错。员工呢，则希望工资多一些，事情少一些，离家还可以近一些，最好遇到一个慷慨又仁慈的老板，这样的想法看上去也没有错。那么让我们换位思考一下，如果今天你是老板，会不会希望员工上班时间都在聊天上网。你是员工的时候，希不希望遇到一个不严苛的老板，福利很好，工作量很少。所处的位置不一样，就会有不同的想法，这也就证明了很多有感情的员工，在其中一人升职之后，大家的感情就没法像之前那么好了。

换位思考其实并不困难。让自己的心态归零，调整一下思考模式，这样对工作跟生活都会有好处。

百分之八十的不快乐是自找的，这句话也很有道理。

史黛拉对餐饮业有着浓厚的兴趣，她从上学的时候就开始在冷饮店打工，希望有一天能够有自己的饮料店，出售自己研发的饮料。

多年的打工经验使她知道在饮料店工作其实很累，老板的诸多规定也使她跟同事经常在背后骂老板。所以她在心里默默跟自己说，以后她当老板了，一定不会这样，要善待自己的员工。

终于，史黛拉实现了自己的梦想，拥有了自己的饮料店。

但是奇怪的事情发生了。当初她做员工时候的那些想法好像在一夜之间都变了。

以前她在别人店里打工时，也会找机会偷懒，如果老板说她，她还会觉得老板小题大做。可是她当上老板后，看到员工聊天或者偷懒，她就会想：怎么能这样，不好好工作，这不是在浪费我的钱吗？

"我雇你来，是找你帮我干活的，不是让你来聊天的。"史黛拉还是跟员工讲了一些规矩，希望他们认真遵守，慢慢地，她发现自己也变成了曾经讨厌的老板的样子。

当史黛拉是员工时，她会站在员工的角度思考问题。等她变成经营者后，就不由自主地朝经营者的方向思考，想法自然不一样，甚至差距特别大。

其实道理很简单，有一天当你所处的位置发生了变化，你看待事物的角度也就跟着变了。如果双方都不去替对方着想，那么关系自然会变得越来越差。再跟大家说一个最简单的例子——卖菜小贩跟买菜的顾客。卖菜的小贩希望顾客不要总是嫌这嫌那，又要便宜还要送东西。但如果变成顾客呢？肯定也是希望小贩能把菜卖便宜点，或者可以送点姜蒜之类的。换个位置想想，小贩想要多挣一些，顾客想要多省一点。都替对方想想，人生也会豁达一些。

很多矛盾发生的原因其实并不是人本身的问题，而是因为所处的位置不同而产生的。想要避免这种敌对的状态，最重要的就是"换位思考"。这种同理心可以让看似复杂的事情变得简单。所以当敌对发生时，可以试着换个位置，换个角度思考一下，就可以得到正面的解决方案。

凡事给人留余地，结果大不同

不管我们在哪里，都会遇到很多不同性格的人。有的人特别善良温和，有的人能说会道并且特别幽默，也有人爱说大话并且咄咄逼人，不论哪种人，能够正面思考的人总是会让人感到放松并且有好感，那些负面思考的人则会给人带来压力。特别是那些总是咄咄逼人，凡事都不给人留余地的人，更是让人受不了。

换个角度想一下，你盛气凌人之后，可能自身的怒气消了，但对方很可能会因此感到不开心，甚至对你产生敌意，以后如果有什么合作机会，这些都是问题。反之，要是能够给别人留有余地，对方很可能会记在心里，不但不会仇视你，还会在心里感激你。换一种做法，结果会大不相同。

莎拉已经在一家网络公司工作五年了，眼看着跟自己同一时期进公司的同事都升职了，她却还只是资深组员。莎拉工作能力挺强，工作态度也不错，但最大的问题就是交际能力几乎为零。要知道，在职场上，除了工作能力之外，还有一项特别重要的因素就是人际沟通能力。没有良好的人际沟通，对于身处职场的人来说是致命伤，而莎拉就是这样的。

莎拉个性很要强，总是得理不饶人，加上说话声音比较大，总给人咄咄逼人的感觉。很多同事都被莎拉指责过，心里肯定会不舒服，即使在上司面前，莎拉还是控制不了自己的情绪。一天，莎拉的同事梅根忘记将一份档案寄给莎拉，到家以后才想起来，因为这个案子并不急，梅根想第二天再寄就好，也没有给莎拉打电话说这件事。让梅根没想到的是，会突然接到莎拉的电话。

"梅根，你在哪儿？"

"在家啊。"

"你已经回家了？但是那份档案你寄给我了吗？"莎拉语气明显发生了变化，特别生硬。

"对不起，我不小心忘记了，明早我就寄给你。"梅根赶紧跟莎拉道歉。

"我记得我跟你说的是今天就得给我吧！明天就等于你延迟了一天。工作明明都安排好了，你说一句忘记了就可以吗？你又不是第一天上班，怎么会这么粗心。"

"因为这个案子并不是很着急，所以我才想着明天给你也行。"

"案子急不急是我来定的，不是你。就算不着急，你也不能自己做决定啊！如果这是个特别重要的案子，被你弄砸了，你能负得起责任吗？这是工作态度的问题，你知不知道？"莎拉的说话语气特别不好，让人听了很生气。

"我已经向你道歉了，而且我说明天一早我就会给你，你有必要对我这么凶吗？"梅根也被激怒了。

"就是因为你的这种态度，才会总被人指责，总之不能再有下一次了，我不想听借口，知道吗？"莎拉还是自顾自地说。

听到莎拉这样跟自己说话，梅根很生气，特别想挂掉电话。但是由于大家都是同事，不想撕破脸皮，就选择不说话。

莎拉却不依不饶："不回答是什么意思？我说错了吗？"

"知道了。"这句话说完，梅根就挂断了电话，心想莎拉又不是她的上司，凭什么这样指责命令自己。

这样的事情总是会发生，所以连莎拉的上司都无法忍受她的态度。每次只要莎拉在工作中出错，同事们都不愿意替她挡一下，甚至还会落井下石。

如果莎拉换一种说话方式的话，梅根不但会感到不好意思，而且下次肯定不会再出错了。

"梅根，我想问一下，今天你把档案寄出了吗？"莎拉客气地问道。

"对不起，我忘记了，明天一早马上寄给你。"梅根赶紧道歉。

"这份档案我记得我跟你说是要今天寄给我的吧？"

"我想这案子不急，所以想明天再给你也行。"

"不好意思，我应该早点跟你说一下的。不过，因为一切都提前安排好了，还是希望你能够按我们计划好的进行工作。我记忆力也不是特别好，还多麻烦你提醒我，谢谢。"

给别人留余地，就等于给自己机会。不要总是咄咄逼人，那样会在别人心中留下负面印象。

同样的事情，强硬的态度和给人留余地的态度是截然不同的，效果更是天差地别。强硬的态度可能会在当时起到作用，但是衍生出的问题也有很多，没法树立自己的威信。相反地，凡事给人留一些余地，对方会感激，下次也会记得更清楚。

蔡先生在之前的公司工作时，对下属非常照顾。下属犯错后，会明确告诉他哪里错了，下次要注意，而不会抓着对方的错误不放，一直跟对方讲道理，让下属没有面子。一次，有个叫伍迪的员工在试用期马上就要过时犯了一个错误，但是蔡先生依然给了他机会，让他通过了试用期。

蔡先生这种总会给别人留余地，很愿意帮助别人的个性，为他赢得了公司上下一致好评。不幸的是，因为经营不善，公司倒闭了。蔡先生只能重新开始找工作。刚开始，事情并没有想象中顺利。直到面试一家公司时，蔡先生发现面试官很面熟。

"您还记得我吗?"面试官问道。

"我记得你，你是伍迪。"蔡先生想起来了。

"是的，真高兴再见到你。"

"我也是。"看来伍迪换工作之后工作很顺利，不过几年已经当上主管了。

两人在面试的时候交谈得很愉快，伍迪见到蔡先生非常开心，他依旧记得当年蔡先生对他的宽容，让他保住了工作度过了人生中一段艰难的时期。这份情谊伍迪一直都没忘记。

几天后，蔡先生就接到了录取通知。

有句话说得好："人情留一线，日后好相见。"当我们愤怒地指向别人时，别忘了还有四根手指是指向自己的。

一位客人在餐厅用餐，服务生不小心端着饮料撞到了客人，那是一位年轻的女士。服务生赶紧道歉，没想到这位女士不依不饶，一定要找经理来才行。服务生一再安慰劝说下，并免了餐费后，这位女士才将音量降低。整个餐厅的客人却都因为这点小事受到了打扰。

我们都知道，得理不饶人很容易，但是在我们盛气凌人的时候，要想一想这样的行为是不是正确。每个人都有犯错的时候，为什么不给别人留个台阶呢？给别人台阶下远远好过指责对方。退一步说，别人会将这点滴的退让记在心里。

是人难免会有情绪失控的时候。遇到事情时，要先冷静下来，再思考。不要每次都用强硬的态度来表现自己的立场。换个角度，调整好自己的心态，想像一下如果角色互换我们也会希望对方能给我们留点余地。任何事情将自己的心态调整好才是最重要的，愿不愿意都看自己。

拥抱对手，就少了一块拦路石

人类从远古时代开始就互相竞争，以此来证明自己的价值，有竞争就会有输赢，胜利的人骄傲欣喜，失败的人沮丧羞愧。这些情绪还会转变为失败者恨自己不成功，怀疑自己的能力。而胜利的人变得自高自大目空一切。也有可能会变成这样：失败的人妒忌仇视胜利的人，胜利者看不起失败的人。他们都忘记了还有"乐极生悲，否极泰来"的道理。相互间的不宽容最终会演变成憎恨。当你开始讨厌甚至憎恨你的对手时，它就会变成一块拦路石挡住你前进的路。

从前有位大力士，名叫海格力斯。有天，他独自走在坎坷的山路上，发现脚边有个苹果似的东西挡在那儿。海格力斯很轻蔑地踩了那东西一脚，谁成想，那东西不但没有被踩破，而且慢慢膨胀起来。海格力斯又找来一条碗口粗的木棒狠狠地砸它，但是那个东西竟然膨胀到把路都堵死了。海格力斯毫无办法，只好站在一边惊异地看着。

在这个时候，山中走出一位老叟，他对海格力斯说："朋友，赶紧不要招惹它了，离它远一点吧。这东西叫做仇恨袋，你不动它不惹它，它就会小如当初，但是你要是侵犯它，它就会膨胀起来，挡住你的去路，跟你敌对到底！"

其实我们完全没有必要憎恨对手，对手带给我们的不仅仅是威胁与斗争，还有一种求生和求胜的动力。

在秘鲁的国家森林公园里，有一只很年轻的美洲虎，为了保护这濒临灭绝的珍稀动物，秘鲁人为它建造了虎园，虎园内环境舒适，有成群人工饲养的牛、羊、鹿等供老虎享用。但凡见过的人，都说这里真是老虎的天堂。但是，令人不解的是，从来没人看到美洲虎去捕捉猎物，也从来看不到它的王者之气。每天只看见这只老虎耷拉着脑袋，睡了吃，吃了睡，没有精神的样子。有的人说，它可能是太孤单了，要是有个伴会好一些。于是，又通过各种途径为这只美洲虎找来一支母虎作伴，但是它依旧还是老样子。

后来，还是一位动物学家解开了谜团。他说，老虎是森林之王，在它所生活的环境里，不能只有那些被它捕捉的猎物。这么大的虎园，即使没有狼，也该放上两只豺狗才是，不然美洲虎是提不起精神的。

虎园的管理者听从了动物学家的意见，很快引进了几只美洲豹放进来。很明显，这一办法管用了，自从美洲豹来到虎园的那天，这只美洲虎就再也不成天躺着了。它整日不是站在高高的山顶咆哮，就是威风凛凛地奔跑，又或者在丛林的边缘地带警觉地巡视游荡。这只美洲虎被重新唤起了生机，变得刚烈威猛，霸气十足。它又变成了这片虎园里真正意义上的森林之王。

日常生活中，很多人都把对手看成心腹大患，恨不得马上除掉对方。但是仔细想想，你会觉得拥有一个强劲的对手是一种福分，一种造化。一个强有力的对手会让你时刻有危机感，激发你的斗志。

上面说的这一方面，还是从消极的方面来解释为什么要善待对手，即使不是因为这个原因，我们也有非常充足的理由说明为什么要善待对手。在这个越来越讲求和平与协作的年代里，最高明的竞争结果其实是"双赢"。对手给你带来危机的同时也会带来商机。

在商海中，学会包容你的对手，那是一种美德，也是一种气质，使你拥有别人没有的。跟你的对手共存，处处显示着你的强势，你的宽容与大度，你将永远是胜利者。

宽容是建立人际圈的捷径

建立良好的人际圈不是一件简单的事情，它是一种艺术，也是一种技术。跟别人相处的时候，假如你能够做到谦恭有礼，使对方对你的印象特别好，或是可以帮对方一下，那这样建立起来的人际关系才会更加稳固。

那些固执己见或是刚愎自用的人，他们建立人脉是非常困难的，因为他们对于自己不喜欢的人总是会表现出敌意。对他们而言，不能做虚与委蛇这样的事情，做自己才是最重要的。但是，在如今这个社会与职场上，如果将自己的情绪都挂在脸上，其实并不是好事。所以，首先要跟大家讲的是，建立良好人际关系要先从消除敌意开始，对方能够感觉到你的真诚，才会向你靠拢。

欧先生是一个非常好的人，刚任职于某知名公司的副总经理时，对待员工跟厂商都非常谦和有礼，并且坚持不收回扣，只要彼此合作愉快就好。他这种工作态度让许多厂商非常赞赏。有一年，一位新的厂商史都华因为不了解欧先生的个性，在水果礼盒下面悄悄放了一笔钱，欧先生发现后原封不动地退还了回去，同时严肃地告诉他："你们产品质量好并且价格优的话，我一定会跟你们合作的。不过大家赚钱都不容易，我不能收你这份大礼。"

史都华以为欧先生是不想跟他好好相处，对他有敌意，直到了解了别人对欧先生的评价之后，才知道他为人真的是这样的。后来，史都华非常感激，也很敬佩欧先生。

有了上次送礼事件，欧先生有些不太喜欢史都华，所以当他再度来访的时候，欧先生刚开始还刻意与他保持距离。但他又想到对方只是做错了一件事，没必要习难人家，也不用故意表现出敌意。想到这些，欧先生转变了自己的心态，放下了心中的芥蒂。

史都华来的时候也有心理准备，因为试图贿赂他，知道欧先生会对他态度冷漠。史都华也是一个非常聪明的人，当他感觉到欧先生对他微妙的转变时，心里的不安也消失了大半。

欧先生在公司的时候，还帮助很多员工争取福利，不管哪个员工所属哪个部门，他都一视同仁。所以，员工都发自内心地敬佩他。

欧先生走到今天也是从基层员工做起的，他认为成功就该是一步一脚印实现的，做人要特别扎实，不能瞧不起人，或者想要额外的犒赏。

此后，由于市场经济不景气，公司出现了很大的财务问题。董事长决定裁员从高薪者开始，欧先生也被裁掉了。

"欧先生，我知道您现在没有工作，请问您对未来的工作又什么规划吗？"

"我现在也没有什么计划，应该还是继续在职场上努力，毕竟我闲不下来。史都华，如果你需要帮忙的话，我可以介绍公司另外的主管给你认识。"

"真是太谢谢您了欧先生，您还是对谁都那样好。还有一件事，我知道有家公司正在招聘经理级以上的人才，我可以推荐您过去。"史都华知道欧先生的为人，而且又有能力，绝对是可以介绍给其他公司的人才。

才几天，欧先生就又充满自信地去另外一家公司报到了，开始了自己新的职业生涯。

人际关系是没有界限的，只要你能够懂得让自己的心态归零，消除对别人的敌意。

那么即便是你的敌人，也可能变成你的朋友。

威力就职于一家出版公司，他的邻居杰米也在出版公司上班。两个人虽然就职于不同的单位，但是工作性质是一样的，都是做升学参考书。杰米在刚开始的时候对威力完全没有好感，除非必要，他从来不跟威力打招呼，但是威力为人特别随和大方，慢慢地，杰米也开始跟他交谈了。两个人说话的时候都不会涉及参考书，因为行业竞争激烈，不小心透露一点信息对方就可能会把这个想法做得更好更完善，然后提早出版。毕竟是竞争对手，还是应该有所防备的。

威力知道杰米对他怀有敌意跟戒心，所以他总是跟杰米说，大家是邻居，就单纯做邻居，凡事不要想得太复杂。终于，杰米也慢慢地放下了内心的防备。

这时的杰米才发现，威力是个心无城府的人，跟他当初想的一点都不一样。一开始他总是担心威力是想打探单位的消息才故意跟他聊天的。现在才知道，威力真的只是把他当邻居，当朋友，并没有其他的目的。

几个月之后，威力因为在公司惹到了一个喜欢搬弄是非的女同事，因为受不了对方每天在背后嚼舌根，所以辞职了。可是他最喜欢的还是出版的工作，杰米知道后，马上跟威力说，让威力去他的公司。

"真是非常感激你杰米，但是我也不知道自己能不能应聘上，因为现在去你们单位应聘的人实在是太多了。"

"放心吧威力，我很了解你的为人，你对出版行业的理念我也很认同，凭你对出版行业的热爱，就已经比其他人优秀了。"

"是啊，我真的很喜欢出版工作。杰米谢谢你，我会投递简历的。"

"你直接给我就好了，我拿给我爸。"

"你的父亲也在这家单位工作？？"

"对啊，我工作的单位就是他的。"原来公司是杰米父亲开办的，难怪他这么有信心。

我们会很轻易地对别人产生敌意，因为我们都有自我保护的本能。但是消除敌意却很困难，是我们必须努力实现的目标。敌意是怎么产生的呢？或许是因为家世，因为性格，因为工作等外在因素。但是没有绝对敌对的原因，只是一些外在的束缚绑住了人们的思维。所以，从今天开始，从现在开始，让心态归零，消除我们对他人的敌意，这是建立良好人际关系最重要的事情。

用宽容正确的眼光去看待他人

我们人总会犯一个错误，就是看不到自己的缺点，却对他人吹毛求疵。

我们要明白，当我们在说老板刻薄的时候，也证明了自己是刻薄的；当我们说公司管理充满缺陷时，也说明自己存在问题。

林肯在就任美国总统时给下属胡克写过一封信，这封信可以引导我们走向这个曾经当过伐木工人的人的伟大心灵。我们可以在这封信中看到林肯是如何驾驭自己的精神的，同时也可以看到一些他驾驭别人的事实。通过这封信，我们看到了一个率直、慈爱、睿智并且老练，同时具有外交天赋和宽大胸襟的林肯。

胡克为人不拘小节并且鲁莽，他曾经不公正地批评了自己的总司令——林肯，这件事使他的上司伯恩赛德感到特别难堪。但是林肯却没有将这件事放在心上，而是充分发挥胡克的优点，为自己效力。更让人惊奇的是，林肯提拔胡克接替了伯恩赛德的职务。其实，林肯跟伯恩赛德私交很深。

尽管如此，误会依然存在，所以林肯认为有必要让胡克知道事情的真相，所以他用一种很适宜的方式告诉了胡克原委，用理智的方法化解了与胡克之间的矛盾。下面就是这封信的全文：

少将：

你已经知道，我已任命你为波托马克将军的首领。这样做我有非常充分的理由，并且我觉得你最好要知道，我对你还是有很多不太满意的地方。当然，我知道你是一位既勇敢又有才华的军人，这正是我喜欢的。我也很相信你会分得清楚职业与政治倾向，这一点你做得很好。

你充满了自信。这是很重要的优点，起码是有价值的优点。你有自己的理想，有雄心壮志，在合理的范围内，它利大于弊。

不过，我想你在接受伯恩赛德将军统帅时，这种雄心壮志受到过挑战。在这一点上，你做得不是很好，不管是对国家，还是对那位战功卓著和值得尊敬的长官。

前几天我曾听你说过，不管是军队还是政府都需要一位最高统帅，我同意你的观点。正是因为这方面的原因，当时也不仅仅因为这个，我给你下达了任命。我们都知道，只有那些赢得成功的将军才能成为统帅。我希望你能取得军事上的成功，我为此承担着独断专行的风险。

政府会竭尽所能支持你，不会比之前多，但也绝不会少。而且对所有的司令官都一视同仁。你批评了自己的长官，并且让他失去了信心，我担心这些由你带入军队的思想也会发生在你自己的身上。而我，会尽自己最大的努力来控制这件事不要发生。不管是你，还是哪怕拿破仑也好，都不能从一个弥漫着沮丧情绪的军队里有所收获。

就在此刻，请克服自己轻率的举动，保持旺盛的精力，勇往直前吧，争取伟大的胜利。

信中说明了这样一种情况，那就是从有毒的土壤里会长出致命的物质，是对那些地位比我们高的人嘲笑、找毛病、抱怨与批判的习惯。

尽管胡克有这样那样的缺点，但是他还是得到了提拔，可能你的老板并没有林肯那样宽容大度的胸襟。不过就算是林肯，也不能永远保护胡克。假使胡克战败了，林肯就会再找一个人取代他，一个更加沉着冷静，更加宽容的人。

不要总是去挑别人的毛病，这不仅仅是一个人的原则问题，同时是一种建立在自然法则基础上的商业习惯。要知道，奖赏只会给那些有用的人。你如果真的想对老板、对公司有真正的帮助，就应该让自己变得很宽容，用一颗温和的心去告诉自己的老板，他的管理方法存在一些弊端，激起他的不满是非常没必要的，上升到对立的地步就更没必要了。

有些喜欢高调的人，总是喜欢挑老板跟同事的缺点与错误，他们自己也不是完美的，却要求其他人做到最好。他们想要用他人的错误来证明自己的聪明，并且希望从挑剔错误中得到满足。

假如你把自己大部分时间和精力花在评论别人与说他人的是非上，留给自己的时间又有多少呢？你还有精力与时间实现自我价值吗？我们想要证明自己，不用非要去贬低别人，想要得到别人对你的信任，也不用非要去中伤其他人。

人都是非常复杂的，有缺点，但是也有长处跟优点。正确并且良好的心态应该是看到他人优秀的本质。有位伟大的企业家曾经说过："我们应该多看看别人的优点，尽量发掘他人的长处。"

要是挑剔能够使撞坏的汽车变好，那该有多好。但这是不可能实现的，对于已经发生的事情过分挑剔，也不会改变什么。我们不妨从自身做起，改变自己的态度，对他人少些指责，多一些赞美，不论对我们自己还是对别人都是有益的。

没有永远的敌人，要宽以待人

日常生活中，我们不会有永远的朋友，也不存在永远的敌人。因为合久必分，分久必合。现在是你下属的人，也可能会变成管理你的人；你现在的老板以后也可能变成你的职员，这些都是有可能发生的。有句话非常有名："人情留一线，日后好相见。"这句话就是告诉我们要让人有台阶下，别让他人当众难堪。

与其多一个敌人，不如多一位朋友。在外树敌太多对我们没有一点好处，但是结交很多朋友对我们肯定是有帮助的。还有更高的境界是——把敌人变成自己的朋友。

将敌人变成朋友，是我们与人交往的最高境界。为自己树敌，其实就是为自己制造损失。

赖瑞在一家出版社工作，工作环境相对单纯，但是只要涉及升迁或者加薪，事情就会变得很复杂。

赖瑞与伊娃资历和经验都差不多，是不同书系的主编，公司想要提拔他们中的一人当总编。其实这很难选，他们两个人都有丰富的经验，做事情也很细心。

得知这一消息的两个人都很开心，同时又很不安，心想："如果不选我该怎么办？"赖瑞是个直爽大方的人，依然坚守岗位，做好自己的本职工作。入行这几年来，他在工作中通过观察学习伊娃的做事方法和她的优点，让自己进步了很多。而伊娃则一直将赖瑞看成假想敌，很瞧不起他。

为了能够晋升，伊娃开始使用一些小手段。她对外放出消息，说赖瑞在上班时经常看一些不好的网站，还会偶尔无故失踪。这些消息最后传到了老板的耳朵里，老板并不傻，什么都明白。其实老板心里早已有人选了，他觉得赖瑞不管是对公司的贡献还是个人能力方便都比伊娃要优秀，只是伊娃是元老，对她有感情。没想到她会使出这样卑鄙的伎俩。

最后结果就是赖瑞当上了总编辑。

还有另外的一个故事。

小芹跟小蕾进公司的时间差不多，两个人感情很好，总是看见她们在一起，逛街聊天吃饭。之前听有经验的人说，职场上没办法交到好朋友，但是小蕾很开心她可以认识小芹这样的好朋友。

事情在马克到来后发生了变化。马克是公司一位新进员工，年纪比她们稍微大一些，外表英俊，并且谈吐不凡。小芹跟小蕾都很喜欢他，两个人心里都明白。小蕾长得很漂亮，人也温温柔柔的，因此马克对她的印象比较好，总是跟她开玩笑。这些都被小芹看在眼里，心里很不舒服。从那以后，她们之间好像多了一道墙，再也不像从前那么亲密了。圣诞节前几天，小芹过来找小蕾。

"圣诞节要到了，那天要不要一起去吃大餐？"之前两年她们都是一起去吃圣诞大餐。

"那个……那天好像不行喔……"小蔷支支吾吾地回答。

"有什么事吗？"

"因为我已经跟人有约了。"小蔷闪躲的样子让小芹感到一丝怀疑。

"真是太可惜了。之前都是咱们一起过的呢，你的约会不能改时间吗？"一定有什么她不知道的内情，于是小芹故意问道。

"我想不可以……"小蔷马上回答。

"那不然……"

"小芹，我现在还有很多工作要做。我们晚点再聊吧！"

小芹自己琢磨，圣诞大餐不是跟朋友一起吃就肯定是跟情人，莫非小蔷是跟情人一起出去？那这是一件好事啊，为什么不告诉我呢？

到了圣诞节那天，小芹故意在公司外面等小蔷下班，果然证实了她之前的猜测。小蔷出门之后上了马克的车。

从那以后，一些跟小蔷有关的事情开始在办公室里传来传去，而且都是小蔷从前告诉小芹的秘密。

没过多久，她们在办公室发生了争执。小蔷质问小芹，最近流传的关于她的事情是不是小芹传出去的，如果是的话，小芹向她道歉她可以原谅她。

令小蔷没有想到的是："既然做了就要承认。这个世界上没有永远的秘密，在你告诉我的时候，就要做好被别人知道的准备。"

"我们之前不是特别要好的朋友吗？你怎么会突然变成这样？"

"你知道我喜欢马克，干嘛还去诱惑他？"小芹已经变得气急败坏了。

"我没有诱惑他！是他主动约我出去的，你怎么能怪我呢？"

"你可以不接受啊！你以为自己长得漂亮就可以为所欲为吗？"

小蔷从来不知道小芹会这样恶毒。

小芹的一番话让小蔷的心彻底凉了。但是她心里还是想着如果小芹愿意跟她道歉的话，就会原谅她……

很久之后，大家才知道马克是董事长的儿子，小蔷也是跟马克谈恋爱之后才知道的。一年后，马克求婚成功，小蔷嫁给了他，两个人过着幸福的生活。但是小芹却一直没有升职，办公室也很少有人理她，因为生怕得罪董事长的儿媳妇小蔷。

最后，小芹实在是受不了这样的工作氛围，却又舍不得这里的高薪与完备的福利待遇，只能低声下气去找小蔷。小蔷已经不再像从前那样期待她的道歉，只是跟她说："当初你道歉的话，我肯定会帮你，让你在公司如鱼得水，但是现在已经晚了。"

"我已经知道自己错了，我真的不想失去这份工作。"小芹低声说道。

"你要记住，宁愿少一位朋友，不要多一个敌人。"

小芹最后还是不得不离开了公司。

人情留一线，不是说我们怕对方或者不够勇敢，而是一种自身的修养，同时也是一种德行。很多时候，人在生气的时候会变得特别强势，变得得理不饶人。好像能让对方哑口无言就会很得意，其实这种想法是非常错误的。

得理又要饶人，才是一个聪明人应该做的。当你给了别人往下走的台阶，不会让对方太过丢脸时，对方会感激你。反之，如果你一定要让对方难堪，对方肯定会记恨在心。以后如果你需要他的帮助，你觉得他是否愿意帮你，还是会落井下石？所以说，我们即使少一个朋友，也不要多一个敌人。少一个朋友并不会对我们的生活有太大影响，起码没有人会害你，但是多一个敌人会让你晕头转向，因为你不知道对方会什么时候对你出手，让你无法招架。

调整自己胜过去改变别人

当我们跟别人较劲的时候，不管被动或主动，得到的都只能是零和游戏。但我们跟自己较劲的时候，就会是双赢，没有输家。

老话说得好"江山易改，本性难移"。让一个人跟自己较劲是非常困难的。而且，由于自己的本性都是长时间累积形成的，已经变成了一种习惯。所谓习惯，就是你下意识的做法，这些做法都是会让你感觉非常舒服的，一般来说已经融进了我们的生活与血液。想要改变一个人的习惯，就跟抽筋剥皮一样难受，更何况是自己主动做出改变，这好比是一种"自杀"。

所以，许多人在问题出现的时候，第一个想到的是改变别人。

既然改变自己非常困难，那么出现问题时指责别人，想要别人做出改变就是一件非常自然的事情。可是，做出这样的选择的人，好像忘记了别人也有自己的习惯，你强迫别人做出改变，那么对于要改变的那个人来说相当于遭遇"谋杀"一样，他肯定会奋力抵抗，并且努力反击。除非对方对你言听计从，不然最后的结果一定是两败俱伤。

改变自己或者改变他人，改变自己或者改变环境，改变自己或者改变其他，虽然都是非常困难的事情，但是相对来说，改变自己更具有可行性，更加具有可操作性，同时更具有主动性。正因为这样，虽然我们不能控制别人的行为，但是我们自身的行为还是由我们自己做主的，我们完全可以跟自己较劲。

正确的做法应该是，在问题出现时，我们要从自身角度开始考虑，考虑是不是我们自己哪里出了问题，自己能不能做出改变？改变的话还需要哪些转变？

我们为了做成做好事情，就要强迫自己改变。而不是出现问题的时候，先想着去埋怨与指责别人。

伟大的哲学家苏格拉底曾说："让那些想要改变世界的人首先改变自己。"

跟自己较劲，就是一个提升自我修养的过程，是一个我们自身由"小人"向君子转变的过程。只要我们完成了这个转变的过程，人就会成功，变得从容淡定，在跟别人共事时和环境共处时，都会变得游刃有余。

那些能够与自己较劲的人，都是想要改善自己的人，是一个自助的人。他要对着自己的"伤痛处"下狠手，要往自己的"伤口"上撒盐。但，这些痛苦都不会白白经历，所谓天助自助者，当他们在改善自己时，当他们一直努力时，一段时间之后，上天也会帮助他们的，帮助他们实现自己的目标，完成自己的心愿。

在与自己较劲的过程中，需要吃很多的苦，但不是吃苦就算是与自己较劲，不是吃了苦就等于完成与自己较劲。苦也要吃，但一定要吃在点上，要吃在关键处。我们使出的力气要在自己不足的地方，这样我们的苦才不会白吃，人才会变得更加完美。

假使一个人能够成功地做到与自己较劲，那么就会发现，随着自己的改变，世界好像也在同时作出改变来迎合与回应你。你跟外界的联系会越来越协调，并最终使得外界跟你完美结合。

在宽容中学习对手的优点

比尔经营着一间咖啡厅，生意一般，不好不坏的，让他有些苦恼。因为他的咖啡品质特别好，并且环境典雅清幽，价格又很亲民，地处市中心。然而在这些有利因素下，客人却仍然只维持在一定数量上，没有增加的趋势。而附近最新开的咖啡厅每天门庭若市，抢走了比尔不少生意。

于是比尔决定去那家店里考察一下。虽然两家都是咖啡厅，彼此是对立的，但是对于比尔来说，能够知道对方成功的原因，比讨厌这间咖啡厅的老板重要多了。在去过几次之后，比尔发现他们的咖啡确实很不错，蛋糕也很美味，而价格也比较便宜。经过几次的观察，比尔已经知道老板是谁，于是他走过去对他进行自我介绍。

"你好，我叫比尔。"

"你好，我是小庄。请问，你是不是雷诺阿咖啡厅的老板？"对方客气地询问，但眼神已经透露出了疑惑和戒心。

比尔自然看出了对方的疑虑，但是他还是谦虚地向对方讨教，坦白自己的咖啡厅顾客特别少，希望能够知道一些经营咖啡厅的秘诀。小庄当然不愿意把自己的秘诀告诉比尔，但是时间一长，还是跟比尔说了一些经营跟方法。

再加上比尔这几次消费的观察，他也发现了他们成功的几点原因。

比尔将自己观察的想法与小庄告诉他的经营方法都写了出来，用心思索该如何将咖啡厅的生意变好。虽然小庄并不是很欢迎他，但毕竟是生意人，态度还算不错。说实话，比尔也不喜欢小庄，因为他的咖啡厅抢走了自己不少客人，但小庄的种种优势让比尔收获颇多。

比尔店里的店员特别诧异老板竟然总是去对手的咖啡厅光顾，大家都感到非常纳闷。这些日子开会的时候，比尔都会跟员工进行交流，提出了很多想法。而这些做法真的让咖啡厅的生意逐渐好转了。

不论你怎样讨厌你的对手，都要记住，与其满怀厌恶，不如多去学习对方身上的优点，不断充实自己，拥有这样的心态，我们自身才能成长。所以，就需要我们调整好心态，让心态归零，摒弃那些负面情绪的同时，还要花一些时间去了解对手。

梵高和高更是后印象派大师中最让人称道和敬仰的。他们虽然背景不同，但是在艺术造诣上的成就是相同的。梵高和高更有很多的相似之处，他们都不是学院出身，高更在34岁的时候才开始成为一名专业画家，而梵高在27的时候才当上画家。他们都曾经在法国阿尔待过。

正因为他们有很多的相同之处，又都是才华横溢的艺术家，所以难免有较劲的时候。梵高画眼睛看见的，高更则画出心中所想的。高更认为，在观赏景观的时候，精神的层次比物质还要重要。可以说，他们在较劲的时候，也为对方带来了正面的影响，这从他们的画作中就能看到，他们亦敌亦友的关系，也被后人传颂。

让自己的心态归零，会让我们看待事物的角度变得更加宽广与清晰。如果总是固步自封，固执己见，就会使自己的生活或者工作领域变得特别狭隘，思想也会变得非常负面。

生活中以德报怨的人并不多，很多人都是以怨抱怨，这就是真实的人性。所以，一定要记住：宁愿少一个朋友，也不要多一位敌人。少一个朋友或者不会有太大的损失，但是多一位敌人却会让你的生活发生很多变量。敌人会在你看不见的地方等待时机，给你带来打击。在职场上，人们都倡导以和为贵，并不是因为胆小怕事，而是懂得进退。将敌人变成自己的朋友，多去吸收对方的优点，提高自己的能力，这才是一个聪明人应该做的。毕竟大家在社会上接触的机会很多，与其高声地让对方知道你的敌意，不如多从对方身上学习优点。这样的好事，我们为什么不做呢？从现在开始，调整自己的心态，转化原来憎恶的情绪，让视野变得更加宽广。

控制自己，多些宽容心处世

有人存在的地方，就会有冲突发生。很多本来可以避免的冲突在大家的煽风点火下会变得一发不可收拾。其实，没人愿意与他人发生冲突，那些事情都不是当事人的本意，只是因为误会或者其他一些因素，才会有冲突的产生。每次冲突发生的时候，很多人为了捍卫自己的权利，什么行为都做得出。就连口吃的人都会变得能说会道。其实静下心来想想，换个心态，冲突都是可以避免的。

周六的商场本来就是人流量很大的地方，加上刚好有一部大片上映，影厅门前排队的人非常多，随着等待时间越来越久，大家的耐心也逐渐消失了。突然，人群中有两个人大打出手，场面立刻变得非常混乱，后来两个人都受伤了，都被叫到了警察局。

问清原委后才知道，只是小小的误会，因为用词不当，导致两个人打架。

钱宁排队时站在布莱特前面，但是钱宁打电话太投入，没有注意到前面的人已经买完票走了，他还停在原地没有动。他身后的布莱特就非常不耐烦地说："你究竟买不买票？不买的话别挡着路，一边打电话去，不要占着位置。"

"你管我打不打电话，你算老几？"钱宁也生气了，他只是打电话太投入了，"我又不是故意不前进买票，你有必要当这么多人的面叫我滚蛋吗？"

就这样，他们一人一句吵起来，最后竟然打起来了，结果不仅电影没看成，还都受伤了。

这场冲突是可以避免的。布莱特也不是故意要挑衅钱宁，他只是因为排队时间太久心情不好，加上看到前面的人打电话不往前走，情急之下才脱口而出的，并不是故意要引发纷争。当然了，钱宁因为聊天太投入，都没有往前走，他也有不对的地方。只是两个人语气都不好，心情都变得更差了。这个时候，如果能一人少说一句，那么冲突就不会发生。

假如那个时候布莱特能语气很好地跟钱宁说："不好意思先生，轮到你买票了，请往前走。"钱宁肯定不会被激怒，而且会觉得特别不好意思。或者在布莱特语气不好的时候，钱宁对他说"不好意思，刚才我没注意"。这种回答也不会让人的情绪波动很大。很明显，这场冲突并不是他们的本意，因为情绪没有控制好，又各不让步，才会发生这样的事情。

有一家博物馆举行画展，活动举办者在博物馆的出口处摆放了一些印章，前来参观的人可以盖在明信片上当做纪念。一对看上去三十多岁的情侣，他们把印章盖在手背上，两个人还相视一笑，非常甜蜜。

这时后面传来两个青少年谈话的声音，音量并不大，但并不是故意的。

甲说："他们真幼稚！竟然把章盖在手上，哈哈。"

乙说："对啊，真好笑。"

谁也没有想到，这样的对话被这对情侣听见了，这名男子转过头去：

"×××，你说什么？"

这样的情形有些可笑，原本非常斯文的男性突然变得毫无礼貌，还夹杂着脏话，在场所有的人都安静下来了，看着眼前的这四个人。

"说了怎么了，幼稚怕人说吗？"好像怕会输掉气势一样，少年还补了一句脏话。

就是那句脏话，完全挑起了盖章男子的怒气，他也回骂了少年，并且抡起了拳头。

我们可以看出，冲突其实都是由口舌之快引起的。生活中有很多事情，看到其实不一定非要说出来，即使要说也不要用冷嘲热讽的语气，这会让听到的人很不舒服。就好比盖章这件事，虽然是有点幼稚，但是还是很有生活乐趣的。但是当那两名青少年在谈论这件事时，男子完全可以当他们是羡慕，可能他们也想这样做，但是害怕幼稚才会故意说出来给大家听。这种冲突其实都不是当事人的本意，只要有人肯退步，就一定可以避免。其次，那些所谓艺术，并不是仅仅只去看看，如果看的时候心里没有艺术，那么即使看展览也不是真的热爱艺术，只能说是附庸风雅罢了。

假如这两名青少年说的是这样的："盖在手上也很有趣啊！"听起来就会好很多。这样的话，冲突就不会发生，也不会有后来争执的局面。所以有时候对于陌生人说的话可以不去在意，毕竟对方跟你一点关系都没有，何必被不相关的人打扰自己的思绪。

珊卓在美国的时候，曾经亲身经历了一起不必要的冲突，后来甚至到了有人举枪的地方。虽然这起冲突的起因特别小，但是却引起了广泛的关注。

那天珊卓刚刚参加完派对，因为那天是万圣节，所以街上出现了车潮，道路变得很拥挤。大家都知道，堵车的时候车子完全是动不了的，就更别说是开了。当时珊卓正走在人行道上，听见一辆车开始按喇叭，几声之后就看到前方车辆突然下来一个人，并且手里还拿着枪问道："兄弟，请问你赶时间吗？"
珊卓几乎吓傻了，这是她第一次看到真枪，于是加快脚步绕道而行。

　　像这种危及生命的冲突是完全可以避免的，只要我们学会换位思考，并且
多替对方着想。堵车已经发生了，那么再按喇叭，车子还是不能动，堵在路上
的驾驶者都会变得很暴躁，只要有一点风吹草动都会引起不悦。

　　很多时候我们并不想引起冲突，或许是用词不当，也可能是因为事情处
理得不当而造成的。假使冲突真的发生了，我们一定不要总想着对方的不
是，而让自己憋一肚子怒气跟委屈。调整好心态，想想冲突发生的原因，思
考一下自己是不是在哪里做错了？如果下次再出现这样的情况，冲突能不能
避免？与其花时间诅咒对方，不如调整自己的心态，避免下次冲突的发生，
或者减少冲击性。

第九辑

未曾苦涩的人，不懂回甘

　　人活着总是想要追求很多东西，在这一过程中，往往会忽略了生活中的美好，其实，获得成功需要不畏失败，需要不断前行，而成功之后更需要我们去调节自己的心态，要懂得欣赏生活中的美，懂得如何使自己快乐。

不惧失败，在苦涩中走向成功

我们所处的世界是动态的，那么一个人自身的能力与才华也不会是静止的。没人能决定谁会是明天的风云人物。在这个世界上，没有什么完全不可能的事，很多时候我们都不知道有多少人私下里正努力朝着自己的目标前进。成功的人不一定都是聪明的，但他们一定是努力的，是生活中的强者，只有那些敢于在竞争中取胜的人，才能笑到最后。

我们都知道，青蛙可以在水里生存，离开了水，在陆地上依然可以生存，因为它拥有两种本领，但是鱼离开水却必死无疑。

有一只老鼠，差一点就被猫抓住，它仓皇逃进洞里，下定决心要三天不出洞。停了一会，洞外传来了几声狗叫。老鼠觉得自己肯定已经安全了，因为猫怕狗，有狗在的地方就不会有猫。于是老鼠又溜出洞找吃的了。谁知刚到洞口就被猫一口咬住。老鼠觉得特别奇怪，它明明听到有狗叫的，怎么猫还会在这里。于是它就问猫："猫先生，我想问你一个问题，刚才我确实听到狗叫了，为什么你还会在洞口呢？"猫回答说："现在这社会，不多学一两种技能，怎么能生存下去？"

一个人如果毫无危机感，那么就会面临更大的危机。在危机到来之前做好准备，就会化危机为转机。如果一个人不能超越自己的话，就一定会落后于人。重要的学习机会，如果我们比别人少把握一次，那么就会马上被人超越。一项事业别人都还没有做，而我们正在做，就已经领先于别人。当别人在玩，在休息的时候，我们努力学习，就又一次超越了别人。

有位香港富商曾经说过："任何一个商务时代，都锻造出一大批富翁。而每一批富翁的锻造都有一个特征，就是当人们不明白时，他自己知道自己在做什么；当人们不理解时，他懂得自己在做什么。所以，人们明白跟理解的时候，他已经成功并且富有了。"市场经济有一个定律，同样一件事情，在不同的时间切入，会有不同的结果。怎样在成功来临时抓住它，是任何人、任何教科书都教不会的。这些都需要学习与实践，使自己的素质积累到一定水平，才能善于抓住真正的好机会。把握机会最简单的方法就是和成功的人做同样的事情。这样，成功者获得的，就是我们获得的；成功者拥有的今天，就一定会是我们的明天。

想要成功变成现实，就要不断去创造自己的优势。这些优势体现在：大部分人不愿意做，你愿意去做；大多数人做不到的，你可以做到；即使别人也在做的事情，你也做到更好。有这样一个故事：

小张大学毕业后就职于某公司，他经常抱怨老板给的工资太低。相同的工作，工资远远低于跟他同样学历的小王，他心里非常不平衡。某天，小张实在忍不住了，就去问老板。老板没有正面回答他，而是当着小张的面叫来小王，让小王去菜市场问问，今天茄子多少钱一斤，然后让小张去另一家市场问同样的问题。等他们都回来之后，小张跟老板说："我去的菜市场今天茄子卖6毛钱一斤。"之后小王跟老板说："我去的菜市场茄子6毛钱一斤，辣椒8毛钱一斤，土豆3毛钱一斤，西红柿9毛钱一斤。"几乎说遍了当日主要蔬菜的行情。老板这才问小张："你知道理由了吗？"小张无话可说。原来的不服气与不平衡也都消失了。其实，很多人做事情并没有做错，只是做得不够好。

欲左右天下者必先左右自己。这句充满哲理的话，被无数人视作座右铭，时时激励自己，最终改变了千万人的命运，成就了辉煌的人生。所谓人无志不立，这是流传千古的真理。一个人想要立足于社会，没有理想抱负，没有目标是很难有所成就的。志气就是指一个人进取的决心与勇气，这对于成功是非常重要的。

作为一个成功的人，不仅仅要超越成功，而且还要敢于挑战失败。人的一生是丰富多彩的，但是在这些背后还存在许多麻烦与挫折。遇到困难的时候，我们只要勇敢地面对它，正确地看待它，它就会发生质的变化。我们只要用正确的心态去对待一件事，那么祸也许是福，挫折的背后也许是成功。只要我们能够勇敢地承受挫折，战胜挫折就会变得很容易。面对人生中的种种艰难困苦，我们应该做到勇于承担，并且在挑战中承受，在跨越中逐渐领略人生，从而取得成功。

巴尔扎克曾说过："挫折是强人的无价之宝、弱者的无底之渊。"生活中的强者在对面挫折时会愈挫愈勇，但是弱者就会在挫折面前停滞不前。我国明代学者谈迁花费27年的时间写成了500万字的《国榷》初稿，谁知，却被贪婪之徒盗走，这是多么巨大的打击！谈迁忍受着沉重的心理压力，再次投入写作，一写又是10年，终于再次写成《国榷》的第二稿。之后他又进行了3年的内容补充与修改，才最终定稿。谈迁的一生，为了写《国榷》呕心沥血，九死不悔。假如他在书稿被偷的时候放弃了，那么就不会出现13年后的成功。

我国著名数学家华罗庚曾说："科学上没有平坦的大道，真理的长河中会出现无数的礁石险滩。只有不怕高山悬崖的采药者，才能觅得仙草；只有不怕滔天巨浪的弄潮儿，才能深入海底寻到珍珠。"科学领域的每一个真理都是在经历了无数次的挫折与失败之后才得出的。我们要正视挫折，勇于挑战挫折，才能让挫折变成我们走向成功的阶梯。

有句话一直被大家广为传颂，那就是上帝在为你关上一道门的时候，也会为你开一扇窗。人生不会永远都是美好的，有很多的挫折需要我们挑战。如果你一直等着挫折来挑战你，其实就已经输了，挫折带给我们的不一定不是好事。挫折会激励人发奋，会让你百折不饶，这不是一件好事吗？当你对面流言蜚语时，不要马上去否认或者指责他人。换位思考一下，或许你自身真的有什么不对的地方。就算他们说话语气特别不好，还是要忍受，这也可以看做一次挫折，你要尽量改正自己的不足之处。面对别人的挑衅，即使再无理，也不要冲动，因为冲动确实是魔鬼。这也可以看做是一次机会，当机会来临时，你不去好好把握，机会就会溜走。我们要学会冷静看待事物，你只要对那些攻击你的人笑一笑，没有理由的挑剔自然会不攻自破，时间久了，你的气量会变得越大，受益的人是自己。

勇敢去挑战失败吧，它能使你的生活变得更加美妙，能使你人生的道路变得更加通达。

别高兴过头，在兴奋中谨慎前行

我们在一件事上取得了成就，确实是值得庆祝的事情，我们也完全有理由兴奋高兴。但是，这并不是全部。高兴只是暂时的，这个时候的我们其实更应该保持冷静，因为接下来的路可能会更加不好走。所以，对于成绩和荣誉，我们只要高兴一会就好。

我们在人生的课堂中，还应该学会忘记。忘记的不仅仅是昨天经历的失败与痛苦，还应该忘记昨天获得的辉煌与荣誉。

我们每个人都希望能够记住自己的荣誉，毕竟那些辉煌都是我们的资本。是的，我们可以靠它赢得别人的尊重，赢得热烈的掌声；我们还可以依靠它获得心灵的愉悦和满足；同时我们还可以利用它鼓舞自己的士气，激发自己的斗志，既然荣誉的好处有这么多，我们自然不愿意忘记。

可是不要忘了，那些都已经是过去的荣誉，它已经随着时间慢慢消失了。我们现在所回忆的辉煌时刻，已经不再拥有了。之所以提起它，更多的是因为自身的虚荣心在作祟。我们不想让自己与别人忘记曾经获得的辉煌，是因为我们不想从光环中心走出。荣辱不仅维持着我们的虚荣心，而且还会让我们忘乎所以，令我们不思进取。想想看，用曾经的荣誉为今天喝彩，不是很可笑吗？

正因如此，我们都应该忘记曾经的荣誉，毕竟往事已经过去了。荣誉一旦随着时间流逝，我们就应该一切从头开始。不被旧日的荣誉牵绊，更不要为了昨天的辉煌已经过去而有心理压力，我们不要让昨天的成功变成今天的悲剧。

很多时候，昨天的辉煌很有可能会变成今天的包袱。人一旦拥有过辉煌，就很少有人愿意从中走开，失去了辉煌就会急切地渴望新的辉煌。但是，辉煌又不是石子，只要弯下腰就可以捡到。想要获得荣誉，不仅需要自身努力，还需要几分运气。当天时地利与人和都具备了，或许才能获得荣誉，迎来属于自己的辉煌。但可能有时我们为它碰得头破血流它依然不会出现。一旦我们想要得到它却又得不到时，我们就会有特别大的挫败感，我们会觉得十分痛苦，特别失落，严重的甚至会让这种失落与痛苦压得喘不过气来。

有一位小伙子，上大学的时候是特别优秀的学生，当过学生会主席，每年都拿奖学金，可以说是校园里的风云人物。

大学毕业之后，他去了深圳一家很有名的公司工作。工作后，他努力做到和大学时一样优秀。他从底层做起，每天第一个到办公室，并且包揽了所有公共事务。对待工作也是竭尽所能，尽心尽力，总是加班，毫无怨言。

到了第一年年终时，老板给他加薪了，刚开始他还很开心，不过不久之后他便没那么高兴了，因为他发现老板给自己加的薪水并不是员工中最高的。

转眼又到了第二年年终，公司有升职机会，他也名列其中，但是只被提升为副主管。对此他非常不满意。因为跟他同时进公司的另外一个人已经做了部门经理。在公司这两年，他觉得自己不是最优秀能干的人，这让他非常难过。

小伙子回家后将自己的烦恼向父亲倾诉。他的父亲做了一辈子的记者，那晚给他写了一封信，信中这样说道："曾经，我采访过一个马拉松冠军，我问他'每当快要到达终点时，你都在想什么？'他回答说'每当那时候，我什么都没有想，只是拼命忘记自己曾经跑过的路，继续一步一步往前跑。'亲爱的，你之所以不开心，就是因为你曾经获得的荣誉太多了，它们无形之中给了你太大的压力，你一直在和以前的自己赛跑。一个人，如果真的想获得更大的成功，就要懂得人生跟长跑一样，只有学会忘记之前跑过的路，前进的脚步才能够迈得更轻盈。"

成功固然很好，但是不能总是背负着那些东西往前走，那样压力太大了。如何忘记过去的成就，让自己尽快投入到下一段旅程，是做大事的人都要考虑的。

我想很多人都看过《三国演义》，即使没有看完整本书，也会知道赤壁之战。在那次战争中，曹操败得很惨，从而形成了天下三分的局势。那么，曹操为什么会在那次战争中失败呢？

当时很多人都知道是曹军不习水战，受火攻导致的。其实，战前曹操也考虑过周瑜很可能会用火攻，但是他想当时是秋冬季节，北风偏多，而曹军地处西北，火攻对曹军基本上是毫无用处的。但是让曹操万万没有想到的是，战时突然刮起了南风，难道这是天都要亡曹操？曹操到底错在哪里了呢？

曹操在与周瑜进行赤壁之战以前，破黄巾军、捉吕布、败袁术、降袁绍。

可谓一帆风顺，也难怪曹操横槊赋诗，说天下唯有江东未破。就是因为曹操前期发展得太过于顺利，导致他骄傲自大，不能听信人言，才会轻敌，这也许才是曹操失败的真正原因。

曹操之前持续的胜利，使他高兴了太久，没有对接下来的局势有清醒的认知。如果曹操能够忘记曾有过的辉煌，做事谨慎，或许历史都会改写了。

通过这篇文章我们可以了解到，荣誉并不一定永远都是好的，它代表的只是过去。要想获得成功，就必须先学会忘记。我们所说的忘记并不是背叛，而是为了放下思想包袱，轻装上阵。所以，当你取得成就时，只要高兴一下就好了，因为明天永远都是未知的。当你因为成功自鸣得意的时候，记得想一想：一切都会过去。

经历苦涩后，要懂得善待自己

我们不管身处在什么样的环境中，其本身并不能决定我们是否快乐，我们对周围环境的反应才能决定我们的感觉。

著名女作家张爱玲曾经说过："善待自我，无论风沙将会如何肆虐，一阵夜雨之后，所有的树木都会吐绿，所有的桃花都会绽放。"但是，生活中总会有人沉浸在悲伤之中不能自拔，他们每天都在哀叹已经失去的，让自己变得痛苦不堪，却忘记享受眼前的生活，这样做非常不值得。善待自己体现在生活的点点滴滴中，其中就包含了让自己从痛苦中解脱出来，乐观地面对每一天。

我们每个人都会有伤心的时候，特别是自己的至亲离开我们时，那种悲伤往往可以将一个人击倒。但是悲伤也跟其他不好的情绪一样，不能过度，适当的悲伤可以表示情感的深切，但是过度的伤心却是智慧欠缺的表现。

哈里斯先生过世后，他的妻子悲痛欲绝，因为几十年中他们的感情一直特别好。他们的女儿知道年迈的母亲心里非常难过，但是也想不出什么办法来安慰自己的母亲，只好带着母亲去父亲的墓地。

到了之后，看着悲痛的母亲，女儿心里也很难过，但是她将自己的悲伤收起，用一种很轻松的语气对母亲说："妈妈，爸爸下葬那天罗杰夫同我说，人们死后到了天堂，很可能跟人间不一样，不能再跟同一个人结婚，也就是说他们的缘分已经尽了，没有办法再在一起。因为上帝不会再给这两个人机会相遇。本来我也没有什么特别的感觉，但是这几天越想越难过，要是在天堂里我不能跟罗杰夫在一起，那么天堂也会变成地狱的。"

听了女儿的话，哈里斯夫人凝视着墓碑上丈夫的照片许久，回过头来看着女儿，用平静但坚定的声音说："如果真的没有办法的话，我会请求上帝同意我跟你的父亲在天堂同居，我想上帝应该会同意的，因为没人能够拒绝爱的请求。"

说完这些，哈里斯夫人和女儿一起同时笑了起来。

"既然不同意我们结婚，那就同居好了。"这原本很好笑的话，在悲伤的时刻说出来，把原本悲伤的气愤一下子驱散了很多，而哈里斯母女也很快从丧失至亲的伤痛中走了出来。

实际上，让自己不再悲伤不代表他们不爱自己的亲人，相反，正是因为她们深切地怀念着、深爱着，所以他们相信，死去的人也能明白她们的这种幽默。

在悲伤面前，我们总是习惯让自己沉浸其中，其实这是不对的。让我们试想一下，有谁想要看到自己至亲至爱的人每天愁容满面，过度悲伤呢？

将自己从悲伤中解放出来，快乐地度过每一天，我想这才是亲人最愿意看到的一幕，即使他们已经远离。

要记住，不管身处什么样的环境中，它都不能决定我们是不是快乐，我们对周围环境的反应才能决定我们的感觉。所以，快乐是可以创造的，我们可以通过自己的调节，用微笑去改变生活。

在苦涩中找到心灵的力量

我们的一生，几乎每天都在接收新的资讯与知识，它们来自方方面面。如果现在问你一个问题："你觉得在自己所学的知识中，什么最重要？"你会怎么回答。

阿流士是古罗马帝国伟大的哲学家，他曾说过这样一句话："思想决定生活。"美国著名思想家、文学家爱默生也说过同一意思的话，只是更通俗一些："人就是自己每天想的那样。"他们所说的全都指向了一个人的思想状态，事实也确实如此，一个人的人生历程其实反映的就是他思想的痕迹。也就是说，假如我们每天心里想的都是开心的事情，那么我们自然就会变得很快乐；假如我们每天都想不好的事情，那么生活肯定充满了悲伤。

英国著名心理学家哈德菲在《力量心理学》中就阐述了心灵的力量到底

有多强大。

哈德菲邀请了三个人来做一个测试，想通过测试来论证心理对生理有没有影响。测试开始后，他先是让这三个人用尽全力抓紧握力器，测出他们在普通状态下的平均握力是 101 磅；接着，他对参加测试的人进行催眠，不断暗示他们，让他们觉得自己特别虚弱，这次他们使出最大的力气，平均握力也仅仅为 29 磅，果真是一个虚弱病人的体力；最后一次测试，还是对他们进行催眠，不过这一次的暗示是跟他们说他们很强壮，这次平均握力竟然变成了 142 磅。

这一测试证明了，人们的心灵状态真的可以左右身体的力量。所以，当我们遭遇挫折时，一定要拥有乐观积极的心态，这样暗示之下心灵就会迸发出强大的力量，我们就会顺利地解决问题。

罗威尔·托马斯曾经拍摄过一部关于艾伦贝和劳伦斯在一战中的经历和表现的电影，轰动一时。影片真实地向观众展现了劳伦斯和他的阿拉伯军队以及艾伦贝征服圣地的经过，电影中还穿插了刚刚在全球引起巨大轰动的罗威尔·托马斯的演讲——《巴基斯坦的艾伦贝和阿拉伯的劳伦斯》。

人们对这部影片的兴趣极高，为了等待这部影片最终能够出现在卡文花园皇家歌剧院，伦敦歌剧节都延迟了 6 个星期。最终，影片也获得了巨大的成功，同时为罗威尔·托马斯赢得了无数赞誉。

就在人们期待托马斯更大的成就时，厄运降临了，他破产了。

那真是特别痛苦的经历，令人意想不到的是，在债务危机面前，罗威尔·托马斯却并不担忧。他知道，要是自己变得垂头丧气，就真的失败了。他每天出门的时候，都在自己的衣襟上插一朵花，然后充满自信地走出去。

我们都不用去看最后的结果，只要看到这时候的托马斯，就会知道他是绝对不会轻易被打倒的。一个乐观积极并且勇敢的人，一个在困境中能够给自己的衣襟上别上一朵花的人，是不会被挫折打败的。在托马斯看来，挫折只是生活的种种体验之一，所以能够从容地面对并且走过。

不论遭遇什么，都要保持好心情

我们的心情才是我们真正的主人，要么是你去驾驭生命，要是就是生命驾驭你，在这样的情况下，你的心情将决定谁主宰谁。所以，我们不管输什么都不能输了心情。输了心情就等同于输了全部。

一个智者说："你不会因为给了别人一个微笑就失去什么，因为它还会回来。"没有人会拒绝微笑。虽然这个道理大家都知道，可是却经常做不到。因为让我们微笑的事不会经常出现，但令我们烦恼的事情却总会跟我们在一起。

比如，你喜欢的人不喜欢你，最近又发胖了，每天上下班挤公交好辛苦，跟好朋友疏远了，被老板批评了，等等，这些都是让我们快乐不起来的原因或者理由。

但是我们要正确看待这些，因为生活总是充满波折的，不管输什么，都不能输了心情，因为一旦输了心情，就等于输了全部。所以，不管发生了什么，遇到了怎样的困难，都不要因此输了心情。只要你能够保持微笑，那么生活也会还你微笑。

一位衣着很朴素的妇人带着自己的小女儿在百货商场里逛着。小姑娘走到一架拍立得相机旁拉着妈妈的手说："妈妈，我们一起拍张照吧。"妈妈小声跟女儿说，她们的衣服太旧了，拍出的照片不会好看的。孩子沉默了一会儿，抬起头说："但是妈妈，我的微笑每天都是崭新的啊！"在一旁的摄影师听了，免费为她们拍了张照片。

反观一下我们自己，能不能像那个小女孩儿一样，尽管没有好看的衣服，还是能每天都坦然而从容地把微笑挂在脸上？其实，大多数人都比那个小女孩幸运，但是却没有她那种单纯的快乐。我们就好像是被快乐遗弃的孩子，守在许多烦恼前，眉头紧锁。有时候还会把在外面遭遇的烦恼带回家，对自己的家人发泄，使得原本就不好的心情更加糟糕。

小青在工作中出了差错，受到领导批评，心情变得很差。回家之后发现家里请的保姆请假回老家了，她只好自己去幼儿园接孩子，再次回到家后一边哄孩子，一边做饭。炒菜时，一不小心又把刚拌好的凉菜打翻了，油汤溅得到处都是。这时她老公下班回家了，她开始跟老公抱怨他不管孩子，不管这个家。小青老公的心情好像也很差，两个人就争执了几句，孩子也开始跟着哭闹。这时小青的情绪低落极了，最后连饭都没吃就睡了。

不管什么时候，我们都会遭遇不顺心的事，都会有心情不好的时候。假如放任这种心情发展，郁闷的程度会越来越严重，不仅对事情没有补救，而且还会衍生出新的烦恼，这不是得不偿失么？

王卫夫妇俩因为工作需要，搬到了一个离公司比较近的小区。住了一段时间之后，他们发现每天晚上大概八点的时候，都能听到一对男女在弹吉他、唱歌，有时是男声，有时是女声，偶尔还会有合唱。可以听出，他们吉他弹得非常好。

一个晚上，吉他声又准时响起，王卫就问自己的妻子："不知道是什么人每天晚上都在那里弹唱？"

妻子想都没想就回答："肯定是一对快乐夫妻。"

"他们怎么会如此开心呢？每天都弹琴唱歌，竟然没有一天不开心。"

妻子说："他们肯定是非常成功的。"

王卫夫妇就开始猜测那对夫妻是做什么的，多大了，还有他们的收入情况，他们觉得吉他弹这么好应该是大学的音乐老师，而且只有老师才这么有闲情逸致，而且如今老师的待遇都很不错。

他们聊着聊着，王卫的妻子开始叹气，说"你看人家，生活多滋润，我们每天累个半死才挣这么点钱，人跟人真是没法比啊。"

这时他们两个人都觉得心里特别不平衡，听着吉他声也觉得很烦躁，好像变成了一种故意炫耀跟显摆。

于是，当吉他声再次响起来的时候，王卫的妻子对自己丈夫说："走吧，我们去看看，跟他们说不要再唱了。"

他们听着声音开始寻找，找着找着发现声音是从小区外面一间破旧的平房里传来的，他们很疑惑，大学老师怎么会住在这样的地方？等走近时发现，门是敞开的，他们看到一对残疾人夫妇，丈夫断了右手，妻子断了左手。丈夫按着弦，妻子拨弦，就这样弹吉他，两个人竟然配合得如此娴熟。他们身边放着一堆拆开的电器，原来他们是一对以修理电器为生的残疾人夫妇。

王卫夫妇惊呆了，都愣在那里，这时屋内的丈夫问道："你们要修理电器吗？"

王卫回过神来忙说："是啊，我家电视坏了，你们能修吗？"

那个妻子说："放心好了，修电器比弹吉他容易多了。"

王卫的妻子不禁感叹说："像你们这样乐观的人很少见。"

那位没有左手的妻子用右手拢了拢头发，看着他们微笑着说："你看，我们已经断了两只手，已经失去了太多，怎么能够再失去好心情。"

听到这样的回答，王卫夫妇非常震撼。从那以后，他们改变了自己的生活态度，找回了丢失很久的好心情，也成了一对快乐的夫妻。

随时保持乐观的正面心态

苏菲刚刚大学毕业一年，但是已经换了四份工作。

第一份工作，因为老板说可能会经常加班，所以她离职了。她觉得如果每天都要加班的话，说不定节假日也要上班，她越想越害怕，索性离职了。

第二份工作，因为老板总是否定她的提案，她觉得老板一定是不喜欢她，搞得自己也没有信心，所以又离职了。

第三份工作，苏菲自己非常喜欢，她觉得自己可以稳定下来了。但是她又感觉同事都对她不好，想着如果同事一直这样对她，会不会有天会陷害她。总之苏菲越想越觉得心里不安，再次离职了。

第四份工作，每天工作时间很短，工作内容也很轻松，薪水福利也不错。苏菲自己很满意这份工作，觉得一定可以维持久一点。一天，她在工作中出了纰漏，被老板骂了，苏菲觉得很委屈。她认为："就这么点小错误，犯得着这么凶吗？以后我要是犯了大错，指不定怎么惩罚我呢！"苏菲性格有些悲观，总是把事情往负面情况想，她忘记了这份工作的优点与很不错的前途，只是想到它存在的缺点跟负面的结果。她回家后与父母商量，最终决定离职。尽管她的父母都劝她往好的方面想，可是她想到的还是负面的。

在挫折面前，乐观的人会将心态归零，自我调整以后再出发。而悲观的人只会一味钻牛角尖，所以也只能原地踏步。

那些频繁换工作的人总是有很多原因。工作前景、自己的前途与各方面的发展，都是考虑的要素。但是，不管这个公司多优秀，如果抱着负面跟悲观的想法，那么看到的永远都会是不好的一面。如果我们想的都是乐观的、向上的，那么不论遇到什么困难，看到的都是充满希望的一面。所以，聪明的你会选择什么样的生活呢？正面的心态，幸运都会多一些。

一家公司正在进行招聘，经过筛选，有两位实力相当的应聘者进入复试，分别是钱宇跟约翰。

这对负责招聘的王经理来说，实在是难以选择。于是，他把两位复试者请到八楼的办公室，因为电梯正在维修，所以他们只能走楼梯上去。钱宇跟约翰上来时都是气喘吁吁的。

王经理问道："有点累吧？"

钱宇说道："挺累的。我想问，电梯经常维修吗？以后会不会总要爬楼梯？那样的话会浪费时间并且挺累人的。"

约翰说道："很累。不过，幸好只是八楼而不是十八楼，就当成运动了，有益身体健康。"

经过十分钟的谈话后，王经理聘用了约翰。

原因很简单，管理人员都不希望听到负面悲观的信息，即使那是事实。虽然约翰也在抱怨，但是他最后把负面条件转化成正面的动力。钱宇说的虽然是事实，但是却让面试的人听了心里不高兴。经理当然会选择能为公司带来正能量的员工。

　　从前，有两个年轻人一同进京赶考，一个叫做张五，一个叫做李六。走到一半时，为人乐观的张五说："真是太好了，我们都走了一半路程了。"

　　而李六却说："天啊，才走了一半啊，真不知要走几年才能到京城？"

　　他们到了客栈以后，因为已经很晚了，店里除了包子没有其他吃的。

　　张五说："真是幸运，还有包子吃。我以为今晚要饿着睡觉了呢。"可是李六却苦着脸，说："我饿了一下午就想吃点饭菜，现在却只能吃包子，真是倒霉。"

　　他们到了考场之后，到处都是考生，张五说："人比我想象中的少一些，我觉得我高中的希望很大，我们真是幸运。"但是李六却说："怎么这么多人，对手这么多，我肯定没有希望了。"

　　到了发榜的时候，张五信心满满，旁边的李六愁容满面。

　　结果是他们两人都高中进士。

　　张五兴奋地说："真是太好了。我要努力开创属于我的人生。"悲观的李六则说："这么辛苦才考上，以后还要面对更多的人，对手也会更强，真让人害怕。人生真是充满困难。"

　　晚年的张五对经历过的事情充满感激和喜悦，他觉得自己这辈子特别顺利，遇到这么多人，真是幸福。虽然他能够感觉到自己即将离世，但是依然觉得："太好了，我这一生都过得很好，没有白活。"再看看李六，晚年的他觉得人生特别苦闷，事事不如意，还有那么多的困难让人无奈："现在我没有几天好活了，真是惨。"

　　张五性格乐观，不管遇到什么困难和问题，都用积极乐观的心态去面对，认为一定可以解决。

　　李六不论遇到大事还是小事，都悲观以对，觉得一定无法解决。

　　他们完全不同的个性与看待事情的角度，造就出两种截然不同的生活面貌。让自己变得乐观，让心态变得健康。

乐观的人在遇到挫折时，会调整好心态，重新再出发。而悲观的人则一味钻牛角尖，没法继续前进。

所以，想让自己的人生发光发亮，乐观心态是非常重要的。

人生起起落落，有的人每天抱怨，有的人保持乐观。要记住，乐观会让人对事物的看法发生改变，它会是你一生的朋友；悲观只能是你人生中的"绊脚石"。只有保持乐观的心态，人生才能变得无比精彩，不会原地踏步，我们会发现人生处处都有希望。

保持简单快乐的生活态度

乐观的生活态度可以使人更加快乐。在这里想要告诉大家的是，我们不要因为外在的环境而影响我们的快乐，哪怕遭遇不幸，还是要扬起生活的风帆，坦然地面对，并继续前行。

既然快乐是一种心境，那么我们就有权力决定自己是否高兴，是否快乐。只要我们能够做到不受外界因素的迷惑，那么快乐其实就在我们自己手中。

南希 47 岁了，在别人眼中她是一个成功的职业女性。她独立能干，经济条件不错，在郊区还有一套属于自己的大房子，经常参加一些重要聚会。南希是很多人羡慕的对象，可是她也有很多别人不知道的烦恼。她说："虽然我小有成就，但是我却不明白大家在夸赞我什么。我这辈子都在努力做成这样或者那样的事情，可是现在我却怀疑成就究竟是什么。我压力一直都很大，没有时间去结交知心朋友。即使我有时间，我也不知道该如何认识新的朋友了。我一直都在用工作当借口，逃避必须解决的个人问题，所以我一项一项地完成任务，不给自己时间去想我为什么要工作。假如时间可以倒退 10 年，我会告诉自己要放慢脚步，学会用心生活，那样就不会像现在这样总觉得缺少了什么。"

现在有一种全新的生活艺术与哲学——简单生活。它首先是要将外部生活环境简化，因为当你不用再为外在的生活花费更多的时间跟精力时，才能为你的内在生活提供更大的空间，才能更加平静。其次就是内心的调整与简化，这时，你就可以更加深层次地认识自我的本质。

现代医学证明，人的身体与精神是紧密联系的，当人的身体被调整到一个最佳状态时，人的精神才有可能进入轻松时刻。这时，人的身体跟精神都进入一个最佳状态时，人的灵魂与生命力才能更加旺盛，然后才能达到更高一级的境界。

你是否真正了解自己现在的真实感受？你的时间是不是永远都很紧张？想不想要用更简单的方式生活？也许你早就已经习惯了都是快节奏的生活，想改变你也不用离开它，更不用让生活后退，你只要换个视角，换一种态度，改变需要改变的事情，然后全身心地投入到自己的生活中。不管你身处城市还是乡村，不管你富有还是贫困，你都可以享受到生活带给你的酸甜苦辣，都可以感受美好的风光，都可以去努力追求亲情、爱情与友情，进而营造快乐的生活氛围。

大多数人总是习惯于在别人的表扬与肯定中获得快乐，很少有人能够从别人的否定中肯定自我，其实这是一种前进之道，同时可以找回真实的自己。但是那些总是需要别人来肯定的人，常常因为别人附和他的喜好，使自己迷失。

有智慧的并且成熟的人，从不会去乞求别人使他快乐，只有他自己才能决定自己是否快乐。与此同时，他们还是快乐的传播者，能把快乐带给别人。而生活中大多数人总是在不经意中把自己是否快乐的权力交给了别人。一个大龄剩女跟我说："我很失落，我的另一半在哪儿?"她把自己的快乐交给了一个还没有出现的人。一位失恋的小伙子跟我说："我很烦恼，不知道怎样才能打动她的心?"他把快乐的钥匙放在恋人的手中。一位自卑的人跟我说："我每天都不快乐，我身边的人都看不起我。"他把自己是否快乐的权力给了周围的人。

这种例子还有很多很多，但是有一点需要说明的是，生活中的这些人都犯了同一个错误：将自己的快乐交给别人掌控，可以说他们可怜到任人摆布，而这种人往往也不受人欢迎。

乐观的生活态度可以让人变得快乐。我们不要受外在环境的影响，使自己不快乐，哪怕是不幸的遭遇，最重要的是，我们自己要乐观向上，能够坦然地面对生活带给我们的一切，继续前行。

学会时刻欣赏生活中的美

有人讨厌下雪，因为打扫起来很麻烦，但是当看到银装素裹的世界时，他又会说："虽然雪清扫起来很麻烦，但是它也会给我们带来这么的快乐。"

有人不敢一个人在寂寞的荒野居住，但是也有人享受那个过程：黄昏时可以看到长耳朵的大野兔奔跑跳跃；月亮升起后会看到很多小动物外出活动。

尽管生活会给我们带来很多烦恼，但是我们学会发现并欣赏生活中的美，不应该去漠视和诋毁生活中的人和事。

有一天，皮尔博士走在大街上，无意间看到一辆汽车的后窗上贴着这样的标语："我认识的人越多，我就越爱我的狗。"看到这样的话皮尔博士不禁感叹，经历了什么样的遭遇才会让这个人对别人再也没有信心，还公开宣布自己的不满。世间原本就是这样，有真情也存在奸诈，就好像有白天也有黑夜一样。我们活在世上，如果处处看人不顺眼，日子该有多难过。如果因为曾经有过负面经验就对人性普遍失望，那是跟自己过不去。我们无法控制天气的阴晴，但是可以掌握心灵的阴晴。

漠视与诋毁与欣赏是对立的。一个不懂得欣赏的人，他生活的宽度跟广度也特别有限，没法领略人生中绚丽的情调与韵味。欣赏是一种给予，更是一种沟通与信赖；是一种包含了信任与肯定的理解，同时也是一种激励和引导。一个懂得欣赏的人，不仅沉着冷静严于律己，而且具有容得他人才华和长处的胸襟与从容的情怀。他们比一般人更善于发现美，以博大的胸怀去体会人生，用独到的视角去思考生存与人生幸福的意义，使自己的人生进入一个更高的境界。

我们每个人都渴望得到别人的欣赏。同时我们也该学会欣赏别人。一般来说，每个人都有欣赏的眼光，但是由于人性的弱点，欣赏物容易，但是欣赏人就比较难；欣赏远离自己的人容易，欣赏身边的人比较难，不然孟浩然就不会发出"欲取鸣琴弹，恨无知音赏"的叹息。无知就不会欣赏，对什么都不感兴趣，当然没有欣赏可言。《处世的智慧》一书中说道："山外青山楼外楼，没有一个人总是什么都不如别人，人都是自己的长处。学会欣赏每个人，对你非常有用。一个充满智慧的人会尊重每个人，因为他知道人各有所长，也懂得成事不易；愚人会鄙视别人，一半是由于他无知，另一半是因为他自甘堕落。"

我们不论身处何处，都应该越能够用积极的心态去面对，用内心去感受与欣赏别人，这不仅会让别人得到鼓励，更会让自身的品质得到提高。同样一棵树，有人看到了绿叶，而有人看到了毛毛虫，这就是差别。罗丹是法国著名的雕塑大师，他曾经说过："生活中不是没有美，而是缺少发现美的眼睛。"我们在欣赏别人的时候，其实也是在不断地完善自己。学会欣赏并且懂得怎样欣赏是人生的一大乐趣。我们要善于发现别人的美，这样我们自己的内心也会充满阳光，感受世界的美好与生活的快乐。

绚丽多彩的世界中，不仅有美丽的风景，同时还有不同个性，不同人格魅力的人。一个人总能在一些地方比别人优秀，也会有人在其他方面强过你。正如那句话"山外有山，人外有人"。人生无比漫长，我们会遇到与结识很多不同个性的人。不管什么时候，学会用欣赏的眼光去看到我们周围的人，用一种平常的心态去欣赏我们身边的人，就好像欣赏一幅画，你会感到快乐，也会很坦然。

甘甜无处不在，不用刻意制造

追求快乐之前，我们先要知道如何享受快乐。心理学家告诉我们，想要得到真正的快乐，千万不要为自己的快乐制定条件。

不要说："我要是能赚到一万元，就开心了。"

不要说："我只要能够去巴黎、罗马、维也纳，就快乐了。"

不要说："等到我 60 岁退休时，能卧在躺椅上晒晒太阳就满足了。"

生活中的快乐，不应该有条件。

不管你贫穷还是富有，每天都该有一个基本的目标，那就是用心享受生活。总是患得患失的百万富翁会对自己说："总有人想要偷走我的钱，那样的话就没有人理睬我了。"而意志坚强的穷光蛋会对自己说："债主来追债时，我正好可以运动一下。"

别欺骗自己，假如你真的想要得到生活的乐趣，你就能够找到，但是有一个首要条件：你必须有这份福气去消受。

有很多人，他们成功之后不但没能放松，反而会变得更加紧张。在他们心里，似乎总是受到疾病、诉讼、意外、赋税等的追逐。一直到再度尝到失败的滋味以前，他们都没有办法放松神经。

生活中的许多乐趣往往都在微小的事物中，比如美味的食物，温暖的友谊，和煦的阳光与甜美的微笑。

《奥赛罗》是莎士比亚写的一部戏剧，其中写道："快乐和行动，使得时间变短了。"不管时间是长还是短，都应该让你的时间充满愉悦的铃声。对于那些认为快乐并不是生活中一部分的人应该一笑置之，因为他们是无知的；同时也要原谅他们，因为他们不像你一样聪明有智慧。

快乐是特别真实的存在，并且是发自内心的；除非是你允许的，否则没有人能够令你苦恼。

你要时时记住：快乐是你赠送给自己的礼物，它不是节日或者纪念日的点缀，而是整年的喜悦。

快乐本来就出自人的心灵与身体组织。当我们快乐时，一切都会变得更好，我们会想得更美好，干得更好，自身感觉更好，身体也更加健康，甚至肉体感觉都会变得灵敏。一项研究发现，人在快乐的思维中，视觉、味觉、嗅觉和听觉都会变得更加灵敏，触觉也会更加细微。人在快乐的时候或者看到令自己愉快的场景时，视力会立即得到改进；人在快乐的思维中记忆力也会大大提高，心情也会变得很好。精神医学证明：人在快乐时，胃、肝、心脏与所有的内脏会发挥更有效的作用。

辛德勒博士说："一切精神疾病的唯一原因是不快乐，而快乐就是治疗这些疾病的唯一药方。"其实，大多数的人对于快乐的普遍看法是有些本末倒置的。我们会说："好好干，你就会快乐。"或者对自己说："如果我健康、有成就，我就会很快乐。"我们不仅对自己说，还会教育别人："仁慈、爱别人，你就会快乐。"我觉得，更正确的说法是："保持快乐，你就能干得漂亮，就会更加成功，会更加健康，对别人也会更仁慈。"

快乐不能拿物质去衡量，也不是道德问题，它跟血液循环一样都是健康生存的必要因素。

快乐是"我们的思想处于愉悦时刻的一种心理状态"。如果，你总要等到你"理应"进行快乐思维的时刻，你很可能会产生自己其实不配得到快乐的负面思想。

第十辑
未曾委屈的人，不懂担当

　　成见、敌意、嫉妒等都是造成人们无法好好相处的原因。同时人们对自身的认识不够充足，也会产生很多副作用。想要走得更快更好，就要懂得让自己休息一下，还要有朋友陪伴。

想要重新出发，必须懂得放下

一个年轻人背着大行囊，翻山越岭来找无际大师，满脸愁云说道："大师，为什么我是如此的孤独、痛苦和寂寞？长时间的跋涉让我疲惫到极点；鞋破了荆棘扎破了双脚；手受伤了血流不止，因为长久的呼喊，嗓子沙哑无声……可是我心中的阳光究竟在哪？"

大师问道："年轻人你的大包裹里装着什么？"青年说："这里的东西对我很重要，有我每次跌倒的痛苦，每次受伤后的泪水，每次孤寂留下的烦恼……因为这些，我才能走到这来。

听完后，无际大师带着年轻人走到河边，坐上一条船过河。上岸后，大师说："你扛着船走吧。"

"扛着船上路？"年轻人一脸诧异，"这么沉，我怎么扛得动？"

大师微微一笑说道："是啊，年轻人，你一定扛不动它。过河的时候，船是有用的，可是过了河，我们必须放下船才能赶路。否则，它就会变成我们的包袱。痛苦、寂寞、孤独、眼泪，这些对人生来讲都是有用的，它能将我们的生活升华到一个境界，但如果一直带着，必然成为人生的一大包袱。放下吧年轻人，生命无法承载那么大的负重。"

放下包袱后，年轻人继续上路，他发现自己的脚步轻松愉悦了。其实，生命是不用如此沉重的。

其实，放下就是获得。该放下的我们就要学着放下，这样我们才能轻松愉悦地生活，才能重新踏上人生的征程。

桃树在盛夏时常常结满累累的果实，枝繁叶茂的，可是一场狂风就能把它拦腰斩断。这是因为它在最茂盛的时节，背负了太多的沉重，如同英雄往往魂断于盛年一样。

一生中有太多能够诱惑我们的，比如金钱、名誉、权力、地位、爱情、理想……有所追求就会有所收获，在不知不觉中我们也会得到很多。有些是生活必需的，有些却不是。那些不是必需的东西，除了满足虚荣心以外，其实最大的可能是成为我们生命中的一种负担。

很多人都喜欢追问，我究竟拥有什么？可现实中，一个人拥有的越多，就离自己越远；因为为了追寻更多的拥有，会越来越没有时间做自己。这是存在主义哲学观"拥有了就是被拥有。"举个例子来说，拥有一台车，也就等于我被这辆车所拥有。因为必须时刻担心车有没有闯红灯，有没有违章记录，还要担心油价上涨等等问题。

所以说，拥有了太多东西，就会分散人们对生命内涵的注意力，最后反而会被拥有物所拥有，被物质奴役，到后来筋疲力尽，丧失人生的意义。

因为，当生活的物质水平达到一定品质时，就应该学着适当的放下。

一个痛苦的人找到一个和尚倾诉心事，他说："我总是放不下一些事，放不下一些人。"和尚说："人世间没有什么是放不下的。"他说："可这些人和事偏偏就是我放不下的。"和尚让他取来一只杯子，然后往里面注入热水，一直倒到热水溢出来。这个人立马松开了手，和尚说道："这个世界上没有什么是放不下的，痛了，你自然就放下了。"

想当年白居易在杭州任太守一职时曾请教一位高僧大德关于"佛的真谛"问题。高僧说："八个字即可概括：诸恶莫作，众善奉行。"白居易听完便说："这太简单了，连3岁小孩都知道。"高僧说："是啊，3岁孩子都知道的道理，80岁的老人做不到。"一句话说破了古今中外人性的弱点：知、行脱节。其实，很多人就是因为知道但做不到，因为放不下或者不愿意放下，最终积劳成疾，英年早逝，留给世人无限遗憾。

在生活中，我们总是被欲望充斥内心，欲壑难填、急功近利，如此赤裸裸的面对自己；利欲熏心也从来没有像今天这样有恃无恐，追名逐利，被认定为是成功的标志。人们总是抱着一颗名利心，一生追逐、一生奔波、一生钩心斗角、尔虞我诈，当满足一切想要的时候，又觉得还是不够，于是继续沉沦于滚滚红尘的名利场上。

生命如同旅途，如果像蜗牛一般负重，怎么轻松上阵？只有放下身上重担，才能轻松上路。懂得放下是一种智慧，如果人们能把浮名换做浅吟低唱，就可以退却一切的烦恼，让生命升华。现在，不妨学着放下，学会华丽的转身，专心去生活。

老子认为：人多欲，必然偏离正途。所以，老子鼓励人们保持恬淡平静的心境，以免走上骛外之途。进退自如，冷暖自知，了解人生的大悲大喜，这才是智者的生存境界。人生不应该在乎拥有多少物质，而在于真实地拥有自己。只有我们用内心感受生命时，才能真正体会它的温暖和滋味。

如果一个人背负太多过去的东西，就无法轻松前行，更无法得到他想要的东西。就如同生活中的电脑，里面保存的东西太多，可用的空间就会越少，机器运行速度就会越慢，只有把没用的东西清理出去，电脑才能轻松，才能加速运行。

懂得放下的智慧，才能重新出发！

低头是为了更好地担当责任

当我们身处别人的"屋檐下"时，一定要懂得低头学会变通，万万不能过分地张扬自己，否则一定会受到伤害。

我国四大名著《红楼梦》中，林黛玉就是寄人篱下，所以自认为"不敢多行一步路，不敢多说一句话"，其实这就是人在屋檐下的道理。如果一个人处于不利于自己的形势里，依靠别人生活，还要特别自我想干嘛就干嘛，岂不是让人贻笑大方？在别人屋檐下，能够时刻保持低调是明哲保身的大智慧。

中国有句老话，叫做"人在屋檐下，不得不低头"。这句话的意思是说人在权势、机会不如别人的时候，不得不先低头退让，但是对于这一说法，不同的人会采取不同的态度。那些有上进心的人，会将这个当做锻炼自己的机会，借此取得休养生息的时间，调整好自己然后东山再起，他们不会让自己意志消沉。而那些不能面对困难与挫折的人，总是将此看成自己事业的尽头，大多畏缩不前，无法克服眼前的困难，只是一味地抱怨。

说得直白一些，所谓"屋檐"就是别人的势力范围，换句话说，只要你身处在别人的势力范围之中，并且需要依靠这种势力生存，那么你就在别人的屋檐下。屋檐也分大小，有的很高，任何在里面的人都可以抬头站着，但是这种屋檐不多见，以人类容易排斥"非我族群"的天性来看，大部分的屋檐都是特别低的。这很容易理解，就是我们进入别人的势力范围内时，就会受到很多有意无意的排挤与限制，还有不知从哪里来的欺压，这种情形在我们的一生中，至少会发生一次以上。除非你拥有属于自己的天空，并且永远在自己的天空内，是个强大的人，不用依靠别人来过日子。但是，你可以保证自己永远都这样自由么？能保证自己不用在别人的屋檐下躲避风雨吗？所以，我们必须要调整好在人屋檐下的心态。

既然已经站在别人的屋檐下，就最好厚起脸皮低头，即使不用提醒，也不会撞到屋檐。这是一种非常理性的想法，不存在丝毫勉强，所以不要不好意思与放不下面子。跟生存比起来，脸面又有多重要呢？当生存与脸面发生冲突，当然是生存第一。

其实，低头也有很多好处：不会因为高昂着头而碰破了皮；因为低头所以不会让自己成为明显的目标；不会因为沉不住气而想把"屋檐"拆了。你要明白的是，不管屋檐能否拆掉，你都会受伤的，我们老祖宗早就说过"伤敌一千，自损八百"的古训。低着头就不会因为脖子太酸，忍受不了而离开能够为我们遮风挡雨的"屋檐"。也不是不能离开，但是离开之后去哪里是一定要考虑清楚的。而且，要知道，你离开之后想要再回来，是很难的。我们在"屋檐"下待久了，很可能会成为屋内的一员，甚至还会自己当屋子的主人。

在我国历史长河中，政治斗争、军事斗争都是特别复杂的，一切都很难说。所以，要学会忍受暂时的屈辱，依靠厚脸低头来磨炼自己的意志，寻找合适的机会，这样就能成就一个成功者所必不可少的心理素质。所谓"尺蠖之曲，以求伸也，龙蛇之蛰，以求存也"，说的就是这个道理。西汉时期，韩信甘心忍受胯下之辱就是"一定要低头"的最好体现。因为如果他不低头的话，就会把自己放在跟地痞无赖同等的位置上，跟他们对着干闹出人命吃官司不说，还有可能赔上性命。

还有一种"低头"是更高层次的，是有意识地主动隐匿于某个阶段，借这一阶段来了解各方面的情况，消除各方面的隐患，为将来的大规模行动做好前期准备。

隋炀帝是个非常残暴的君王，他在位时各地农民起义风起云涌，隋朝的许多官员也都纷纷倒戈，转向农民起义军。正是因为这样，隋炀帝的疑心特别中，对朝中大臣更是特别不放心。唐国公李渊（也就是唐太祖）曾多次担任中央和地方官，他去过的地方，人们都很敬重并且爱戴他，拥有很高的声望，许多人都来归附。因为这一原因，大家都很担心他，怕他遭到隋炀帝的猜忌。正在这时，隋炀帝下诏命李渊前去觐见。李渊当时病了没能前往，导致隋炀帝非常生气，多少起了疑心。当时隋炀帝身边的妃子王氏是李渊的外甥女，隋炀帝问她李渊没来朝见的原因，王氏回答说因为他病了，隋炀帝又问道："那他会病死吗？"

王氏将这一消息告诉了李渊，李渊更加谨慎了。他心里明白，隋炀帝已经开始容不得他了，但是现在起义又力量不足，只能再忍一忍，等待时机。于是，李渊故意散布消息败坏自己的名声，整日沉湎于酒色之中。隋炀帝知道后，渐渐放松了对李渊的警惕。想象一下，如果当初李渊不低头的话，又或者低头低得很勉强，就很可能被隋炀帝识破送上断头台，那么怎么还会有后来的太原起兵跟大唐帝国的建立。

我们之所以要"低头"是为了让自己与现实环境有和谐的关系，为了更好地保存自己的能量，好走更长远的路，同时为了把不利的环境转化为对自身有利的力量。这是最高明的大智慧。

灵活的人遇事通常都不会硬顶，"遇强则迁，遇弱则攻"才是上策。

我们在做某件事情时，如果情况对我们非常不利，继续下去的话很可能会失败，严重的甚至会丢了性命，那就必须考虑如何灵活地全身而退，正所谓：留得青山在不愁没柴烧。这个时候就应该当机立断，决不能拖拖拉拉，此时是最能反映出一个人功力深浅的时候。

第一，要仔细分清形势是否对自己特别不利，慎之又慎地作出是否撤离的决定。

毕竟，撤离只是一种退而求其次的手段，是为了能够保存实力不得已进行的消极行动。如果当时的局势不是很危险，只要继续坚持就能成功，那么就不要轻易撤退。正因如此，在做决定的时候必须要慎之又慎。

近年来，随着电子互联网的发展，电子商务也在一步步上升。众多大型电子商务平台的崛起，为国内一大批零售商家带来不小的冲击，显然，电子商务的发展对传统零售业的影响是不言而喻的。张伟是一家家用电器公司老板，在电子商务快速发展的情势下，公司效益始终不好，效益直线下滑，很多老顾客也都将目光投向了各大电子商务网站，因为那里的价格不仅要比实体店优惠的多，还定期举办赠送活动，这可苦恼了张伟，如果按照目前的情势持续下去，那势必要关门停业了。他召集了公司最得力的几个员工出谋划策，共同商议面对公司的经营危机，最后大家达成一致，把公司搬到网上去。接下来的时间，他们集思广益，制定计划和方案，制作网站。几个月后，一家富有创意的家用电器公司上线了，价格优惠，还有团购、促销各种活动，同时包括快递上门服务。一时间，张伟的公司扭亏为盈，化解了经营危机。

张伟能够审时度势，开拓创新，在新的时局下，改变公司发展策略，坚持让公司正常的运转下去，最终化险为夷，拯救了公司。

第二，情况危急时，必须当机立断，主动撤退，否则，就会输得很惨。

非洲草原上，两只狮子常年争地盘，水草肥美的地方羚羊就多，狮子的口粮自然也就变多。两只狮子的战争因一只狮子被咬死而宣告结束，活下来的狮子霸占了最好的地盘，还常常恐吓另一只狮子的遗孀和儿女，小狮子们就在它的威胁下战战兢兢地成长。小狮子们的妈妈常对小狮子说："不要去招惹我们的敌人，等你们长大了，有力量了，再去反抗它。"

小狮子们牢记妈妈的话，去遥远的地方寻找食物、锻炼体魄，发誓有一天为父亲报仇。那只胜利的狮子起初还记得它们，后来见它们窝窝囊囊，就不留意它们。几年后，偶尔看到几只小狮子长得壮硕威猛，不禁心惊胆战，害怕它们寻仇报复，便远远地逃离了这片草原。

这个故事告诉我们，当情况危急时，只有主动撤退才能安保全身。生活并非一帆风顺，有辉煌就有屈辱，懂得适时抽身，方为上策。

欣赏自己，不受委屈哪来光明

总会有人去羡慕那些被光环笼罩的人，觉得他们每天都沉浸在鲜花与掌声中，名利双收，好像一切凡尘苦恼都跟他们无缘。其实，这是我们羡慕别人的盲区，也是一些人总是羡慕别人光鲜处的原因。

俗话说得好："人生失意无南北"，即使是宫殿里，也会有悲恸，而茅屋里同样也会有笑声。

但是生活中，不管是别人展示的，还是我们自己关注的，都是别人风光与得意的一面，就好比女人的脸，出门的时候都画上美丽的妆容，这全部都是给别人看的。回家之后，就变得素面朝天，所以男人们总会感叹："老婆还是别人的好。"所以围城里的人想出城去，可是一旦真的走出围城，就会发现生活其实都是一样的。

有位哲人说过，跟别人比较是懦夫，跟自己比较才是英雄。这句话初看时不太好理解，但是仔细品味一下，却很有道理。

所以，我们不可以将自己的生命浪费在和别人比较上，应该跟自己的心灵去赛跑。

我们首先要学会的，是欣赏自己的生活，让自己跟随自己的心去活着。你能改变什么让自己快乐，就去改变什么；但是假如改变之后会让自己不愉快的话，那么不论别人跟你说什么，都不要勉强去做。同时，如果你很清楚改变以后会很好，但是自己却没有能力改变的话，那最好也不要做。学会原谅自己，并且欣赏自己所拥有的一切，尽量忽略那些自己不满意的地方。毕竟上帝将我们创造出来，每个人都有不同的肤色与不同的个性，是为了让我们的生活更加丰富多彩。所以，我们要试着接受自己的不完美，没有必要强迫自己一定是完美的。

综上所述，我们要用"与自己赛跑，不要和别人比赛"的心态来面对生活。如果我们愿意虚心学习别人优秀的地方，收获最多的启示还是我们自己。不要与别人比外在的物质而忽略了自己真正需要提升的东西。

那些总是抱怨自己不幸的人，总是会用虚幻且沉重的欲望迷惑自己，总是看那些自己没能拥有的东西。让自己静下心来，放下心灵的负担，学会欣赏已经拥有的一切，欣赏自己的成功与拥有的，你就会发现，自己原来有那么多值得别人羡慕的地方，你也是被幸福之神眷顾的。

在挫折中找到人生正确的位置

人生想要不平凡，就要找准自己人生的位置。一旦那个位置找准了，我们就要付出所有的才智与精力，如此一来，就会拥有一个不平凡的人生。

尼采，相信很多人都知道，他是德国著名哲学家，他曾经说过："如果你选准了自己的位置，就拥有了充满希望的起点。"我们每个人都在生活中寻找自己的位置。每个人都在努力奋斗，从中寻找，或者在寻找中奋斗。最后冠军只有一个。其实，即使是冠军也未必心满意足，因为他觉得他的位置是天上的某个星座，为此他还得继续寻找。

那么什么样的位置才是最好的呢？答案其实很简单，那便是只要是最适合自己的，就是最好的，也是最美的。很多时候，人们总是对自己的幸福视若无睹，却觉得别人拥有的都是特别美好的。你有没有想过，别人拥有的幸福或许并不适合你；更没有想到的是，别人的幸福或许还是你的坟墓。这个世界如此丰富多彩，任何一个人都有属于自己的位置，并且有自己独特的生活方式，安心享受自己的生活，享受属于自己的幸福，才能让自己快乐。

有一个和尚与一个农夫，分别住在河两岸。和尚每天都能看到农夫早上出去务农，晚上回来休息，特别羡慕。而农夫呢，看见和尚每天都在诵经、敲钟，日子过得非常轻松，也很向往过那样的日子。所以他们心里都产生了一个念头："真想到对岸去换一种生活。"

一天，他们正好见面了，两个人商量了一下决定交换身份，农夫变成和尚，而和尚变成农夫。当农夫来到和尚的生活环境后才发现，日子其实并不好过，和尚过的那种生活看似悠闲，却让他感到无所适从。

而变成农夫的和尚，每天都想念自己曾经的生活环境，现在他要面对世俗的烦恼、辛劳跟困惑。

所以和尚也跟农夫一样，每天坐在岸边，羡慕地看着原本属于自己的生活。

此时的他们，又有了共同的愿望："回到真正适合我们的生活！"

不论什么样的人，最难能可贵的是知道自己究竟想要什么，真正追求的是什么，从而正确地做出选择。生活中，你要明白什么才是适合你的。如果你是小鸡，就安然享受土中刨食的乐趣，要是总羡慕在天空翱翔的老鹰，那么连自己那点乐趣都没有了。

我们都应该找准自己的位置，给自己一个准确的定位。我们身处社会中，最忌讳的就是找不准自己的位置，好高骛远，并且眼高手低。没错，起点高了，个人的发展就会提高速度。但是假如没有高起点，只要我们能够找准自己的位置，在那个位置上做好准备，也会有很好的开始。

十多年前，有个学习很好的女孩高考失利之后，被安排在自己村里的小学教书。

因为她没有经验，讲不清楚数学题，没几天就被学生轰下了讲台。她回家对母亲哭诉，母亲为她擦干眼泪，安慰她说："你不要为这件事情难过了，可能有更适合你的事等着你去做呢。"

之后，这个女孩就外出打工去了。她先后做过纺织工人、市场管理员、会计，但是都没有多长时间。到了三十岁，她凭借一点语言天赋，做了聋哑学校的辅导员。有了这样的工作经验，她又开办了一所残障学校。再后来，她在很多城市开办了残障人用品连锁店。直到这时，她已经是一位拥有几千万资产的女强人了。

有一天，她问自己的母亲，以前她一直失败，自己都觉得前途渺茫的时候，是什么让母亲对她一直充满信心？母亲得回答很简单，她说，假如一块地不适合种麦子，那么可以试着种一种豆子；要是豆子也没有长好的话，就再试试瓜果；如果瓜果也不行，那就撒上一些荞麦种子，一定可以开花的。一块地，总会有种子是适合它的，也总会有属于它的收成。

多么好的道理啊，一块地，总会有种子适合它。我们任何一个人，在努力拼搏却没有成功的时候，都是在寻找属于那块土地的种子。我们都好比一块块土地，养料充足也好，贫瘠也好，总会有属于这块土地的种子。你不能期望百合花能够在沙漠中绽放，也不能奢求水塘里有挺拔的绿竹，但是你可以在黑土地上播种五谷，在泥沼里面撒下莲子。只要你不失望，对自己有信心，那么等待你的，将会是特别好的收成。

那些还在寻找种子的人，他们的道路是漫长而又艰辛的。可能充满了挫折与困难，但是一定要相信自己的能力，并且有毅力，那么在某一时刻、某一地点，就一定可以找到属于自己的种子。而只要找到了人生准确的位置，那么就不用再徘徊，可以付出自己所有的才智与精力，这样的话，就会拥有一个不平凡的人生。

充满责任感，学会主动担当

生活中，我们常常会听到这样的话：

"那个女患者的老公真有责任感，她都病了那么久了，她老公还是不离不弃，一个人一边上班一边带孩子，还得照顾自己生病的妻子，整个医院的人都要被他感动了。"

"小莉跟她男朋友分开了，那个男人特别不负责任，两个人分手对小莉来说是好事。"

"我们老板非常有责任感，虽然他已经很有钱了，但是每天还是会来公司坐班，因为他想给我们带来更多的福利，我们整个公司的员工都特别崇拜他。"

这些对话里面都出现了责任感这个词。我们不禁要问，责任感真的这么重要吗？确实是这样的，责任感和主动担当是有密切关系的，主动担当是责任感的核心要求，而责任感又是主动担当的基本前提。大气度跟高涵养的重要体现之一就是责任感。一个人有了责任感，才能主动承担生活的重担，才能主动地担当自己的人生，才能得到别人的认可，从而成为一个受人尊敬的人。

费尔拉·凯普是美国著名作家，在其著作《没有任何借口》中，着重强调了人的责任感问题，他觉得责任感是一个人应尽的义务，不管你是谁，处于什么样的地位，都不能罔顾它。可以这样说，责任感是一个人能够更好地立足于社会，得到他人的认可并且取得他人支持进而成就事业和家庭幸福的特别重要的人格品质。

通过观察可以发现，那些有担当的成功人士往往都是富有责任感的人，这些人对自己、对亲人、对朋友乃至对社会都有很强的责任感。比尔·盖茨、巴菲特、迈克尔·戴尔这些人我想大家都很熟悉，他们都是很有责任感的人，他们认为自己应该有回报社会的责任，正因如此，他们才承担起慈善事业，才获得了全世界的认可。

一个人一旦有了责任感，就能够主动担当人生的许多事情。反之，一个没有责任感的人，就很容易逃避现实，过得过且过的生活。

那些放弃承担责任，总是为自己找借口推卸责任的人，是会被社会谴责的。一个人只有心怀责任心、拥有好的气度与涵养，能够主动担当生活中的任何事情，才能够在社会中更好地生存。

种种经验告诉我们，一个富有责任感、能够主动担当的人更加容易取得成功，同时也更能赢得他人的尊重。罗杰·布莱克是体育界的成功者，他很受大家欢迎，曾经获得奥运会 400 米银牌和世界锦标赛 400 米接力赛金牌。但是人们之所以喜欢他并不全是他取得的这些成就，还有他的责任感：他患有心脏病，但是从来没有用这个做借口，认为没有获得金牌的应该的。在整个职业生涯中，布莱克一直以世界冠军为木匾不断努力着。正是因为他这种勇于担当责任的良好品格与气度，为他赢得了人们的尊敬与爱戴。

有责任感的人，更加容易被人信任。可以说，责任感是一个获得别人认可的基本要求。在社会更加复杂的今日，缺乏责任心的人很容易就会丧失原则，成为被世人瞧不起的人，做出许多伤害别人的事情。没有人能够跟缺乏责任感的人深交，面对他们，很多人都会自动开启心理防御机制，将他关在自己内心世界外面。

虽然有时责任感会让人觉得有些沉重，但是当你勇于并且乐于承担责任，成为一个拥有责任感的人时，会收获很多难能可贵的东西，里面包含了尊敬、感激与信任。

承担自己的责任，不受干扰

我们现在所说的"别拿他人的问题困扰自己"和"别拿他人的过错惩罚自己"，在某些程度上其实有相通的意思。种种迹象表明，大多时候人们不是担心自己，而是因为别人的问题而感到困惑，这看起来很不可思议，但事实确实如此。

这是无形之中产生的非常有趣的反应。我们仔细想想自己的行为，是不是经常为了他人的问题感到困扰而自己还不知道呢？是不是曾经因为别人的行为使得自己不舒服呢？仔细想过之后，你也会认同我的看法吧。这些事情是我们日常生活中经常发生的，如果继续让自己被这些事情困扰，就会使自己的人生不幸福。

试着让心态归零，就能分辨出困扰我们的事情到底是和自己息息相关的，还是只是徒劳的烦恼。

很多时候人们并不是担心自己，而是因为别人的问题感到困扰。所以，我们不要因为跟自己没关系的事情生气。

身处职场的朋友经常会遇到这样的事情，一些不干实事每天浑水摸鱼的人非但没有被排挤，反而在公司风生水起。面对这些人的时候，我们总会有一种

厌恶感：为什么大家都在努力工作，他们却在混日子，并且不会被责罚？

年轻人劳拉，总会因为工作上的事情变得沮丧，问起来，不是因为搞砸了公事，也不是被老板骂了，而是因为公司里的一个助理。原来，这位助理经常迟到早退，工作也不认真，并且总是跑去跟别人聊天，好像一只花孔雀。劳拉是个认真严谨的人，工作很努力，并且几乎从不迟到，也很少早退，所以对于这位助理和她完全相反的行为感到非常不悦。时间久了，劳拉在上班时就会感到莫名烦躁。已经到了听到这个助理的声音或者看到她就心情不好的地步，根本没法好好工作。

劳拉总是会跟同事抱怨这个助理。

有天同事们一起喝咖啡，劳拉又开始跟同事说这个助理。

同事就问她："说实话，这位助理有影响到你吗？"

劳拉想都没想就回答："当然！看到她就让我讨厌。"

同事笑着继续跟她说："我说的是工作上，而不是感情上。"

她思索了一会儿，说："工作上面我们并没有什么交集，其实她不会妨碍到我。但我只要一想到她到处逛来逛去的样子，就很反感。老板雇她来是工作的，又不是请她来唱戏的。"

"那么既然她在工作上没妨碍到你，那么她的行为根本不会对你造成任何困扰。"

劳拉没有理解同事说的话，不解地看着同事。

"因为那是她工作的方式，而且不会因为你不喜欢就改变。你在生气，她每天还是一样。就算你把自己气炸了，她依然每天都很开心。所以，你为什么要让她的行为困扰你呢？混日子是她自己的问题，又不是你的问题。如果她工作态度问题被老板发现，那么损失的是她自己，又不会影响你，你看是不是这个道理。"

听完这些，劳拉恍然大悟，说："对哦，我都没有想过这些。每次她跑去跟别人聊天，我都会生气，想要发脾气，但是她还是很开心，没有受到一点影响。我呢却脾气越来越不好，甚至还会得罪一些人。"

"那么从现在开始，就不要让她的行为再困扰你了，她要是依然这样不努力工作，自然要自己承担后果。"

从那以后，劳拉上班的时候再也不会感到烦躁了，看到那个助理不好好工作也不会生气了。后来，劳拉跟同事说，老板也发现这个助理总是出错，并且爱搬弄是非，把她辞退了。

看到这里，很多人都会微微一笑，觉得劳拉胜利了。其实，在我们的身边，总是会发生这样的事情，只是我们自己不知道罢了。很多时候我们生气着急都是因为别人的问题，其实那都跟我们没有关系，都是因为我们的心理因素，而造成了自己的困扰。

即使你气炸了，别人还是很开心，那么又何必呢？

遇到瓶颈时以蛰伏来应对

蛰伏，它代表的并不是毫无动静，而是为巨大改变做好准备，等待冰雪过去，期待春天到来。蛰伏并非不好的事情，也不是浪费时间，它是必须经历的过程。所以在这一期间，我们应该好好珍惜并且把握机会，审视自己的缺点，努力充实自己，而不是一味休息，什么都不做地等待，要是这样的话，就搞错了蛰伏的意义。

蛰伏并不是什么都不去做，只是为了等待更好的机会，并且做好准备。蛰伏是为了让自己飞得更高更远。

当我们遭遇瓶颈时，如果强行解决的话不一定会有好效果，有时候蛰伏反而能够以退为进。

柯南道尔出生于爱丁堡，他创作了举世闻名的著作《福尔摩斯》。柯南道尔原本是位医生，但是因为行医过程中不太顺利，就走上创作道路，从此一发不可收拾爱上了写作。他第一部重要作品《血字研究》于1887年发表，其中主角便是福尔摩斯。《血字研究》发表之后，大受欢迎，其内容也非常引人入胜。从那之后，福尔摩斯就开始名声大噪，直到现在也被很多人喜欢。

关于福尔摩斯的作品，柯南道尔一共发表了六十篇，其中包括五十六篇短篇与四篇长篇。通常自己笔下的人物有名对作者来说是非常开心的事情，但是福尔摩斯的成名让柯南道尔倍感压力。人一旦站得高了，想要的也就多了。于是，柯南道尔在1891年给他的母亲写了封信，信中说自己想要终结福尔摩斯这一角色。他是经过深思熟虑才做了这一决定的。最后，柯南道尔在《最后一案》中，安排福尔摩斯跟莫里蒂亚教授一起坠入瀑布，下落不明。

很多福尔摩斯迷都无法接受这一结局，他们不断表示想要福尔摩斯复活。但是那个时候的柯南道尔灵感已经要枯竭了，如果继续写下去的话，只怕会毁掉好不容易才建立起来的福尔摩斯的名声。他当然可以继续写，但是在没有灵感与写作热情的情况下，人物就会没有灵魂。那样的话，福尔摩斯迷可能会获得暂时的满足，但是不久就会发现，作品质量大不如前，然后就不会再关注这本书。这样一来，反而会毁掉自己的事业。

考虑到这些，柯南道尔让自己蛰伏了几年，不断提升自己的写作水平，重新获得了灵感。到了1903年，柯南道尔以观众前所未见的崭新的写作手法，让福尔摩斯重出江湖。新作品《空屋》获得了热烈反响。柯南道尔在蛰伏期努力提高自己的写作水平，手法跟构思都更加成熟细腻，所以新的作品所展现出来的故事更加扑朔迷离，扣人心弦。

蛰伏并不仅仅只是浪费时间，而是等待风雪过去，期待春天到来。柯南道尔蛰伏后复出的作品更加受人关注，引发了更大的福尔摩斯热潮。直至今日，还有很多书迷相信福尔摩斯是真实存在的，他们还会去寻找书中福尔摩斯的地址，去参观他住的地方。由此可见，当初的蛰伏是值得的。蛰伏，酿出芳香醇厚的酒。

当我们在工作上遇到瓶颈时，不要太过焦虑，不要心烦气躁，应该让自己先平静下来。可能让自己蛰伏一段时间后，就会变得更加成熟，那时你的思考空间就会更大。一味地往前走，不一定会带来好的结果。

第十一辑
未曾无助的人，不懂自立

人生在世，难免经历大起大落，不论面对什么，都要让自己拥有正能量，用正面的心态去面对所有事情，让自己充满勇气。同时，学会为自己减负，只有脚步轻快，才能走得更远。

失败了无非就是从头再来

在接受采访时一位成功女性说起了自己的经历。她告诉记者："在我生命中收到最好的建议是女儿给的。她告诉我：'妈妈，你需要做的只是掸去身上的灰尘重新再来。'"

应该时常提醒自己，最坏不过是从头再来。应该为自己所面对的困难感到幸运，因为当有一天人们问起你是如何成功的，你可以把经历的困难娓娓道来，证明给别人看，逆境才是创造辉煌的捷径。

每当看见成功者表现出的成功喜悦，不要忘记，每一种成功的背后都有挫折的磨炼。

在美国有一个名字可谓是家喻户晓，他就是李·艾柯卡。每个月都有成千上万的邀请，请他去演讲，他在1985年发表自传，当时称为非小说类书籍中最畅销的的书，印刷数量达到150万册。

其实，艾柯卡的身后也背负着很多失意和痛苦，人生可谓是"苦乐参半"。

21岁的艾柯卡在福特汽车公司做一名见习工程师，可工作的乏味让他无法忍受，经过几次申请，公司终于同意让他成为一名推销员。

可是他的销售成绩并不尽如人意，甚至有一次还成为所有人中的最后一名。

当时，艾柯卡的情绪十分低落，好在有他的朋友福特公司东海岸经理查利·比切姆鼓励他："不要垂头丧气，总会有人得最后一名，不要这么在意！

但一定要记住，不要连续两个月得最后一名。"

在朋友的鼓励下艾柯卡逐渐振作起来，想到了分期付款的销售方式。只要先支付 20% 的贷款，每月付 56 美元，3 年付清，就可以购买一辆 1956 年型的福特汽车，他还给这种方式起了名字，叫做"花 56 元买五六型福特车"。

这个口号迅速在人群中传播，引发了极大的关注，仅仅在 3 个月的时间里，艾柯卡从最后一名一路向上，跃居榜首。受到了当时的副总经理麦克纳马拉（后来的美国国防部部长）的赏识，将他的方法在全国推广，提拔他为福特总公司车辆销售部主任。

艾柯卡得意扬扬地将自己看成一个艺术家，一个正在设计世界上前所未有精彩的艺术家。日思夜想，总想设计出新型号的汽车。

终于，艾柯卡设计的"野马"牌汽车问世了，在保留福特所有的特点外，野马汽车外形华丽时尚，吸引人眼球。1965 年"野马"汽车打破了福特公司汽车销量的纪录，当时，"野马"成为了一种时尚，随后就出现了'野马'俱乐部、"野马"太阳镜、"野马"钥匙链等，街头被这个词充斥着，甚至有一家面包店的广告语是："本店自制的烤面包，像"野马"一样畅销。"

经过自己的不懈奋斗，终于艾柯卡成了福特公司的总经理，可是他被冲昏了头脑，忘记了自己上面还有大老板亨利·福特。只顾着得意忘形，却忘记了自我警惕。就在这个时候，大老板亨利·福特让他尝到了从高峰瞬间跌到低谷的滋味，1978 年 7 月 13 日，艾柯卡被妒火中烧的老板开除了。就这样一帆风顺的艾柯卡，在福特干了 32 年后突然失业了。艾柯卡肝肠寸断，痛不欲生。

瞬间的失意让艾柯卡有了一个想法，他想杀人，可他不清楚，究竟是该杀了解雇他的亨利·福特还是他自己。很明显，杀人是不可能的，他开始酗酒，对自己失去信心，把自己逼到崩溃的边缘。亨利·福特下令福特内部如果有人跟艾柯卡保持联系，就会被开除。艾柯卡感觉到昨天自己还是个英雄，可今天就成了麻风病患者，人人避而远之。

这次失意可谓是艾柯卡生命中最大的打击，他不仅失去了工作，也失去了朋友，曾经跟他同甘共苦的朋友都抛弃了他。

可是，艾柯卡最终选择不在失意中倒下，他说："在艰苦的日子中，除了咬紧牙关深吸一口气以外，别无选择。"

当时54岁的艾柯卡，退休实在太可惜，在别的行业重新起步为时过晚，他接受了一个新的挑战——出任濒临破产的克莱斯勒汽车公司总经理。

曾经在世界第二大汽车公司当了8年总经理的失意者，凭借自己的智慧、胆识和魄力，对克莱斯勒进行了全新的改革和整顿，并争取到了巨额贷款，重振企业雄风。

艾柯卡让濒临破产的克莱斯勒起死回生，成了美国仅次于通用和福特的第三大汽车公司。

1983年8月15日，艾柯卡将他生平见过最巨额的支票交到银行代表手里，以此，艾柯卡帮助克莱斯勒还清了所有债务，然而5年前的这一天，亨利·福特开除了他。

艾柯卡在1984年帮助克莱斯勒盈利24亿美元，这意味着仅这一年的盈利就打破了克莱斯勒公司历年盈利的总和。

从福特汽车公司总裁的位置上跌落，并没有让艾柯卡气馁，他又担任起克莱斯勒汽车公司总裁，将克莱斯勒从危机中拯救出来，这种锲而不舍、永不放弃的奋斗精神让人们佩服，艾柯卡成了美国人心中真正的英雄。

一路走来，艾柯卡的父亲对他的帮助是最大的，每当遇到困难时他的父亲总是鼓励他说："太阳终究是要出来的，勇往直前，不要半途而废。"艾柯卡一直用这句话激励自己，在逆境中奋起，重回巅峰。

艾柯卡的经历应该引起我们的警惕，不要过于得意，功高盖主时要保持低调。面临失意也不能放弃希望，最坏的打算无非是从头再来。在克莱斯勒任职期间，艾柯卡甚至将自己的年薪降至1美元。他认为想要渡过难关，克莱斯勒人必须同心协力，如果光等着别人付出，自己却袖手旁观，那将会一无所有。

看过艾柯卡大起大落的人生，想必我们应该明白一个道理，即使遇见困难，无非就是从头再来，没有人一生只会成功一次。所以，面对失败时，不要害怕，告诉自己还有机会从头再来。

"我懂得奋斗，即使时运不济；我懂得不能绝望，哪怕天崩地裂；我懂得世上没有免费午餐；我更懂得辛勤工作的价值。"李·艾柯卡这样说。

如果艾柯卡在失意之初就一蹶不振、偃旗息鼓，那么他只能是个 54 岁的失业工人，而重振旗鼓让他重新拥有了事业，正是他不屈于挫折的精神，让他成为美国家喻户晓的英雄。记住，任何时候都不要放弃自己，从头再来，才有机会成为英雄。

轻视自己就永远无法成功

我们可以原谅别人的轻视，但永远不能轻视自己。我们要把劣势变成力量，从过去的困难中吸取智慧和勇气，努力开拓属于自己的生活和事业，掌握属于自己的命运。

长路漫漫的人生，其实是个大讲堂，不同的是，很多条件是我们自己无法选择的。比如出身的富贵与否，智力的高低，相貌的美丽或丑陋，这些先天的因素无法由我们自己选择或者逆转。而后天要面对的成长环境和人生际遇，是可以在行动中彰显自己的意愿和态度，按自己方式进行选择的。

所以，一定不要看不起自己，或者跟别人比高低。既然我们拥有完整的生命，你就应该拥有自己生命的辉煌。这不是别人给予的，而是自己创造的。生命的价值不只是我们所作所为能判定的，也不仰仗我们的人际关系，而是取决于我们自身的努力。要记住，我们是独特的个体。生命不分高低贵贱。蜜蜂和雄鹰相比虽然不起眼，但是蜜蜂可以传播花粉让大自然色彩斑斓，所以任何时候都不要轻看自己。

美国汽车大王亨利·福特年轻时，曾去一家十分向往且昂贵的高级餐厅吃饭。朴素的穿着，平凡的相貌让他在餐厅待了差不多 15 分钟都没一个服务员来招呼他。最后，一个服务员勉强来他桌边，问他是否用餐。

亨利·福特连连点头，可是服务生却不耐烦地把菜单扔给他。亨利·福特打开菜单，刚看了几行，服务生就用轻蔑的口气说："不用看得太久，你看看右边的吧，左边的就不必费神去看了！"

亨利·福特非常生气，他很想痛揍对方一顿，可还是让自己先冷静下来，心想：别人小看我也不是没有原因的，想得到别人的尊重，除非我真的值得别人尊重。此时他想起了母亲曾经说过的一句话："你必须面对生活带来的所有不愉快的事。你可以怜悯别人，但一定不要怜悯自己。"于是，合上菜单，冷静地说："请给我一份汉堡。"

从那时开始，亨利·福特给自己立下志向，不管今后怎样，一定要成为社会中的顶尖人物。后来，他一直坚定地向自己梦想前进，最终从一个平凡的修理工变身为美国叱咤风云的汽车大王。

人的区别因为外在的原因，如：机会、环境、分工等，而本质都是同样高贵的。别人可以轻视我们，但我们自己一定不能轻视自己，因为所有人都是一样的独一无二，没有任何人能代替的。我们只有体现出自己的作用，才能证明自己的真正价值。

我们的价值也不在挣钱的多少和权力的高低，那些都是身外物，我们真正的价值应该在发展自我，使自己成长成为和自己潜力相符的人。

莎士比亚曾经说过："如果我们真的把自己比做泥土，那就真的成为人人可以随意践踏的东西了。"很多时候，我们都不敢相信自己的能力，总觉得别人比自己强很多，一件事情总要等到别人肯定才是正确的。我们总是羡慕别人的才能、幸运和成就，而又极大地浪费着自己。除了我们自己以外，没人有权利贬低我们。如果我们足够坚强，就没有什么影响能打败我们。

不论得意还是失意，都要自立

培根曾经说过："奇迹多数是在厄运中出现的。"别林斯基也说过："不幸是最好的大学。"奥斯特洛夫斯基则说："人的生命犹如奔流中的洪水，不遇见岛屿、暗礁，怎能激起美丽的浪花。"中国的孟子说道："生于忧患，死于安乐。"古今中外，也有很多大有所为的人都证实了这一点——逆境才能出人才。逆境往往会激励人们在身处绝境时发愤图强，成就生命的伟大。

在得意的时候，一切都顺利的时候，难道人就没法进取了么？不得不承认的是，许多人都是因为身处顺境而颓废的，很多国家也是因为这种"安乐"而衰败。也是因为人们没有好好利用自己所处的顺境，没有把握好得意之时，让自己更加得意。

那么，如何在得意与失意之间、顺境和逆境之中把握尺度，成了最关键的问题，当代著名诗人汪国真曾说过："逆境是用来磨炼意志的，而顺境一定要发展事业。"

不能否认的是，身处逆境的失意人，确实成长成了人才。《报任安书》里就有说道："文王拘而演周易，仲尼厄而著《春秋》……"越王"三千越甲可吞吴"等等，这些古今中外的例子，数不胜数。

很多时候，只有在逆境中才能帮助我们成长。但如果换个角度看，也许越王勾践在卧薪尝胆、励精图治的时候，真的拥有吴王夫差那么强大的力量，这样的话结果就不仅仅是"吞吴"那么简单了！

作为发明大王，爱迪生的青年时期也经历了许多逆境的考验，但是，他一生中申请的发明专利就有一千多项。在因为电灯的发明而取得极大的荣誉和财富之后，这正是爱迪生一生中最大的顺境，然而他并没有因此而颓废和沉沦，而是继续创造，这样才有了他一生的一千多项发明。

身处顺境时，我们应该学会享受得意，身心的健康、学业的进步、事业的成功、家庭的幸福、爱情的甜蜜、官运的亨通、财富的积累、人气的兴旺都是人生顺境的体现。而在得意之时也别忘记了要为以后储备得意，要继续播下好的种子，让自己日后也能享受得意，在顺境中步步高升。

享受得意时，一定不能坐吃山空，一定不能停滞不前只是享受自己现有的风光和财富，而是应该把自己所获得的得意播种到今后的奋斗中。之后的起点就会比现在更高，获得成功的机会也会更大、更容易，我们要学会利用顺境壮大自己，发展事业。站在更高的平台上，就应该乘着顺风让自己飞得更远，这才是真正会享受得意的人。

回望中国历史的发展，几次农民起义，曾经试图推翻封建王朝，但都以失败告终。究其原因不难发现，那些农民起义的领导人都是在稍有得意之时便开始沉迷酒色、骄奢淫逸、放纵自己，最终把即将到手的胜利变成失败。

得意的时候，其实是为我们创造了更高的平台，这时候的起点会比其他时候更高，得意的时候人的精力也更充沛。我们应该趁着思维最敏锐、效率最高、状态最佳的时候，把握得意，走向更高的起点，为自己的事业和人生创造更高的辉煌。

以简单的法则应对无助

有个人他的脾气很差，只要有一点不如意就会动怒。他觉得自己之所以发怒都是别人引起的，不过还是决定加强自己的修养，为了自己的身体健康以后少动怒。做了决定之后，他来到景色幽雅的乡间暂时隐居，过起修身养性的生活。

一天，他拿着陶罐去河边打水，没走多远，不小心把装满水的罐子弄倒了，水全部流了出来。没办法，他只好返回去再打，等打完往回走时，走到一半又把水罐里的水全洒了，接连三次都是这样。他特别气愤，一下子把罐子摔碎了。

美国太空总署曾经对外征求一种太空人使用的超现代化的书写工具，他们要求这种书写工具必须能在真空环境中使用，必要时能移笔尖向上书写，同时还要求几乎永远不需要补充墨水或油墨，只要有符合条件的书写工具，成本多少都可以。但凡知道这一消息的天才们都在研究，但是一直都没有好办法。一段时间之后，一个德国人打来电报，电报上面只有寥寥数字："试过铅笔吗？"那些天才们之所以没有考虑铅笔，就是因为它太常见、太普通了，可是它的确具备了上述所有要求。

这样的情况是如何发生的呢？这跟当今社会人们的心灵趋向是分不开的。现在的人已经习惯把一切事物都想复杂，希望一只蜡笔可以画出很多颜色，一件衣服能有很多种穿法，一个手机能有特别多功能。大家好像已经忘记了曾经的简单。

　　唐朝司马永桢说："静则生辉，动则生昏。"人生中很多复杂的欲望都源自不清净、不安稳的心。如果我们能够让自己的心灵变得简单，心态变得从容，那就可以万事不乱，我们也就会少很多烦恼。

　　《劝学》是我国古代学者的著作，其中说道："蚓无爪牙之利，筋骨之强，上食埃土，下饮黄泉，用心一也。蟹六跪而二螯，非蛇鳝之穴无可寄托者，用心躁也。"蚯蚓虽然没有锐利的爪子和牙齿，也没有强键的筋骨，但是却能向上吃到泥土，向下可以喝到泉水，这是由于它用心专一。而螃蟹有八只脚，两只大爪子，但是如果没有蛇、蟮的洞穴它就无处存身，这是因为它用心浮躁。

　　梭罗有一句名言说得非常感人至深：简单点儿，再简单点儿！梭罗发现，当一个人对生活的需求简化到最低限度时，生活反而会变得更加充实。之所以会这样是因为他已经不用为了满足那些根本没必要的欲望而使自己的心神分散。

　　让自己变得简单，让生活变得简单，其实特别好。那些名利、金钱等等当然也是一种人生。但是能在种种欲望之外拥有一份简单的生活，不也是一种非常惬意的人生吗？毕竟，你不用再想尽办法去追名逐利，不用再去在乎别人看你的眼神，心灵没有了枷锁，人也会变得快乐而自由，能够随心所欲，该哭的时候可以哭，想笑的时候可以笑，虽然不会飞黄腾达，但是又有什么关系呢？

　　当生活变得简单，你会发现它非常迷人：蓝天白云，青山绿水，家里飘着茶香，还有盛放的水仙，温暖明亮的阳光，美丽地开放着；找一个阳光和煦的午后，你在阳台与好友喝茶聊天，直到太阳快要落山，余晖照在你们身上……简单是一种美，并且是一种高品位的美。简单是一种美，美得朴实，并且散发着灵魂的香味。

　　在快速发展的今天，让我们记住一个很古老的真理：活得简单才能活得自由，简单就是一种快乐。

　　生活简单之后，每一天心中都会有阳光照耀，我们应该用纯粹的心去体味人生的真谛，摒弃繁杂，只要简单。

无助时寻找属于自己的位置

卡耐基是成功学的鼻祖，他在刚开始写作时，试着将许多作者的观念都拿来放在自己正在写的书里，以使那本书的内容能够很全面，包罗万象。于是他找来多本有关于公开演说的书，用了一年的时间将那些书里的概念写进自己的书里。直到整本书写完，他才发现自己做了一件傻事，这种拿别人的观念拼凑在一起的书显得非常做作，并且十分沉闷，没人能够读下去。得到这一结论的他把一年的心血都丢进了废纸篓，从头开始。这次他对自己说："一定要保持自己的特色，不管你有多少错误，能力多么有限，都不要再变成别人。"于是他不再试着将别人的观念揉和在一起，而是做了他最开始该做的那件事：他写了一本关于公开演说的书，全部都是他经历过的经验之谈，用一个演说家和一个演说教师的身份来写的书。

最终，卡耐基成功了，因为他明确了自己的社会角色，从他擅长的角度来从事社会活动。

莎士比亚曾说过："世界是一个大舞台，每个人都扮演一个重要的角色。"我们要是想在社会上取得成功，首先要确定自己在社会中的角色，以此来明确自己的人生目标，给自己在社会生活中定位。

关于定位的问题，看似简单，其实非常重要。这样跟大家说吧，我们的一生不论从事什么职业，身处哪个阶段，扮演什么样的角色，不管是主动的还是被动的，都在随时选择着自己的定位。

只有找到自己准确的定位，你才能融入你所处的环境中，履行好自己的职责，将才华施展，做一些对他人有益的事情。相反的，轻者你也许难以融入自己身处的环境，做事不顺利；重者可能还会招来非议，到处碰壁，甚至被人淘汰。从这个意义上来讲，我们解决好自己的定位问题，是非常重要的。

在确定个人定位时，要注意避免以下几点：

首先，给自己定位过高。假如给自己定位过高的话，就好比一个只能承担 100 斤重量的人一定要挑 120 斤的重担，结果只会让自己举步维艰，走得非常艰难。在 20 世纪，有位神童可谓家喻户晓，他因为超高的智商，被家人、被社会寄予厚望，他的人生定位被许多人无形地抬到很高的起点。他本人无法忍受那么大的心理负担，最后选择了出家，可见定位太高会给人带来很大的危害。

其次，定位过低。一个人如果给自己定位过低的话，很难激发其内在的能量，本来你有能力处理好一件事，因为害怕自己做不好，害怕承担后果，最后放弃了锻炼自己的机会。这样的人，他的人生注定不会获得大的成就。

最后，角色错位。关于角色错位，简单一点来说，就是错误地估计了自己的能力，认知有问题。如果一位下属协助自己的上司完美地完成某项工作后，就会错误地估计对相同的问题自己完全有能力处理好，所以，在其日后的工作中，遇到这样的问题，解决不了的话就会不断地发牢骚，指责别人，将自己由一个执行者的角色定位成一个"领导者"，这就是角色错位的表现。角色错位会让自己迷失，让自己很难认识真实的自己，所以我们一定要小心留意避免。

人的定位不会是永远不变的，它是动态的、发展的并且有变化的。我们需要根据自身所处的环境的变化，不断地进行调整与矫正。

我觉得，我们活在这个世界里，就要知道自己到底是谁，给自己一个合适的定位，在努力寻找准确的生活方向的同时，做最好的自己，活出精彩的人生。

在自立中让生活更简单快乐

每个人在生活中需要的其实都是有限的，有很多没有必要的东西只能给人徒增负担。让生活变得简单一点，人生反而会更快乐。

海伦是一位非常普通的美国女性，她跟自己的尼泊尔丈夫还有他们的两个孩子一起生活在尼泊尔的一个城市里。海伦跟她的丈夫是在美国读书的时候认识的，海伦为了自己的丈夫放弃了美国的生活，跟随他来到了贫困的尼泊尔。

海伦说："在这里生活，我们只需要购买必备的生活用品。没有广告，没有大减价，没有各种垃圾邮件，也没有信用卡，人们都不去买不需要的东西。而且，这里的人们每次都只买能够提得动的东西回家，等用完了再买。"

海伦觉得，在美国，人们面对购物的宣传冲击虽然还是有很大的余地，但是为了让生活在非金钱方面更加丰富，还得在选择方面花费很多的精力与注意力。

可是在尼泊尔这样一个贫困落后的国家，海伦跟她的家人们过着虽然简单却很有个性风格的幸福生活。

对于海伦的生活态度，不知道你是不是认同，也不知道你现在的生活是否同样饱满而快乐？

生活在城市中的人大多向往着拥有大房子，家里有昂贵的电器，穿着时尚的衣服等这样的生活。但是这些需求所衍生出的计较，是盲目的攀比，是虚无的表演，是违背自己初衷的作秀。这样你真的感到快乐吗？是你喜欢的自己吗？那这些艳丽的外表下，是不是藏着一颗早已苍老的心？

许多富有的人，总是喜欢追忆最初奋斗的时光，他们觉得那个时候的自己才是充满活力的，满怀希望并且快乐。很多这样的人都觉得，那时的他们每天都遵从着自己的心，是最最真实的自己。到了后来，是为了各自应酬与面子而活着，日复一日，生活愈发空虚。

这一切的发生，可能是因为生活中多了太多没有必要的东西，使原本简单的生活变得复杂，使人不堪重负。

不禁要问，有多少人愿意舍弃已经拥有的东西呢？有多少人在疲惫到极点时，会像海伦一样，愿意过另一个国度带来的另一种简单的生活？谁又敢勇敢地为自己活着？

所以，我们要活出自己的个性。你身上穿的衣服，脸上的表情，你的声音语气以及你的思想，还有这些思想所发展出的品德，你拥有的真实，试着让它们靠近生活，那时你会发现，那些看似复杂的东西其实是经不起挑战的，而且都是人自己附加上去的。我们都应该有自己的风格，并且要让别人接受、欣赏，此时就要强化自己的风格，只要发现自己的某种行为深受众人喜爱，就要将其突出。这种风格越是突出就越是简单，而越简单就会越突出。

这样一来，你就可以去享受简单的生活风格给你带来的乐趣。

相信自己，肯定自己的能力

有这样两个问题：人一切的彷徨与痛苦都是由于不接纳自己吗？一切空虚和烦恼也是因为无法肯定自己吗？

仔细思考一下你会发现，确实是这样的，人一切的彷徨与痛苦都是由于不接纳自己，一切空虚和烦恼也是因无法肯定自己所导致。如果你已经被外界的名利和虚荣所诱惑，那么就会迷失自我，会被挫折与荣誉所激怒，被物欲牵引。

一个人最不该犯的忌讳就是没有认清自己，盲目地拿自己与别人做比较。否定自己的后果就是得到无尽烦恼。

禅者认为，只有当一个人肯定自己并且接纳自己时，才能摆脱所有诱惑，才能依照自己的根性因缘去生活，去奉献，只有这样才能过上有意义的生活。

很多年前，某地兴建了一座规模宏大的寺庙。等到寺庙竣工之后，附近的善男信女们就每天都在这里祈求佛祖给他们送来一个最好的雕刻师，好雕刻一尊佛像让大家供奉。如来知道后，就派了一个擅长雕刻的罗汉幻化成一个雕刻师来到那座寺庙。

雕刻师到了之后马上开始工作，在两块已经准备好的石料中选了一块质地上乘的石头雕刻。没成想，他刚拿起凿子敲打了几下，那块石头就开始喊痛。

正在雕刻的罗汉对它说："忍耐一下吧，不经过细细的雕琢，你永远都只能是块不起眼的石头。"

但是等他继续去敲打石头时，它还是无法忍受一直喊疼。雕刻的罗汉实在忍不了这块石头的号叫，只好换了另一块质地远不如它的粗糙的石头雕琢。虽然这块石头质地不是很好，但是它因为能被雕刻师选中而开心不已，同时特别感激，它对自己将被雕成一尊完美的佛像深信不疑。所以，不管雕刻师怎样敲打它，它都以坚忍的毅力承受了下来。

而雕刻的罗汉因为知道这块石头天资不是很好，为了展示自己的技艺，也为了将佛像雕刻好，他工作得更加卖力，雕琢得更加精细。

没过多久，一尊庄严肃穆，气势恢宏的佛像赫然矗立在人们面前，大家纷纷惊叹，将它安放到了神坛上。

从此以后，这座寺庙的香火就一直非常鼎盛，整日香烟缭绕，香客川流不息。为了方便日渐增多的香客行走，之前那块没法忍受疼痛的石头被人们拿去填坑筑路了。当初它无法忍受雕琢的痛苦，现在只能忍受人踩车碾的痛苦。每当它看到那尊雕刻好的佛像在那里安享人们的顶礼膜拜，内心总是特别难受。

一天，佛祖正好路过此处，它愤愤不平地对佛祖说："佛祖，这也太不公平了。那块石头哪里都没我好，现在却享受着人间的礼赞尊崇，可是我却每天经受凌辱，还要被日晒雨淋，您怎么可以这样偏心！"

听了它的话，佛祖微微一笑，说："它的资质确实不如你，但是它的荣耀是自己承受了无数刀剧痛换来的。既然你没有办法接受雕琢之苦，那么就只能得到这样的命运。"

我们每个人都是大自然的杰作，都有自己的禀赋，有自己独特的地方，有别人无法比拟的长处。那块资质平庸的石头，之所以能够成为人们顶礼膜拜的佛像，是因为它坦然接纳了自己。当你接纳自己之后，就会发现，你也有值得欣赏的地方。

人都拥有外在美与内在美两种美。外在的美很容易被人看到，但是也容易消逝。而心灵美的人，身上会多一份独特的魅力，即使年华老去，同样可以焕发光彩。人的肉体只是一个载体，如果太过于看重它，反过来就会被它牵制。其实，外在的身体只是一层皮囊而已，心灵的美才是真的美。

有位年轻的姑娘到心理诊所寻求帮助。第一次治疗时，她对着医生失声痛哭："我长得太矮了。"确实，这个姑娘的身高不到一米五，并且黑黑瘦瘦的。在之后的几次治疗中，她表达了很多因为自己身体缺憾或者伤心的童年往事所受到的伤痛，总是泪流满面。

经过一段时间的治疗，女孩慢慢开始接受了自己的现状。

等到治疗结束后，这个姑娘身边的朋友都惊讶地发现，她变漂亮了，并且爱笑了，说话声音很清亮，不再是之前畏畏缩缩的小女子，拥有了少女的可爱。

我们可以这样说，这个姑娘经历了一场"心理美容"。由此可见，一个人内心的改变，更多地接纳自己，才能使自己真正变美丽。

当你变得足够善良、大方、学识渊博，当你懂得关心别人，自身散发出优雅气质时，一切美丽都会在你身上展现出来。而你周围的人，将会忘记你外在的那些东西，发现你善良的本性，看到你可爱的心灵，而这些，才是真正让人没有办法抗拒的美丽。更重要的是，这种美，不会因为时间流逝而消失，反而会更加耀眼。

我们都不能选择自己的出身。不管你在哪里，在做什么，只要你的精神高尚，一心持戒，道德圆融，那么自然会像出淤泥而不染的莲花，清新脱俗。

用平常的心态去接受真实的自己，接纳自己的阴暗面，努力把它带入光明。当你进入光明时，黑暗就会消失。

任何大爱、恩典、引导，都要依靠我们的自爱才能降临到自己身上来。当你开始接纳现在真实的自己时，就已经打开了那个渠道；当你开始接纳别人的现状时，同样的事情也会发生。

其实，通往幸福之路很简单，只要你愿意按照下面的方法去做：

首先，接纳自己的现状。你是最棒的，即使现在你面前有很多困难、痛苦跟烦恼，你都不用刻意去做任何改变，不用去增加什么东西或者是消除什么，现在的你就是完美的，让这样的认知进入你的内心深处。你要是真的能够做到，所有的困惑自然会消失。

其次，接纳别人的现状。不要在意别人的习性，也不要管那个人是否可靠，你不用去改变他们，他们也不需要改变自己来获得你的接纳。事情就是这样，你不用别人来认可，别人也不需要你的认可。他们没有问题，而你也没有问题。任何事情都没有对错，所有人都是并肩而立的。当你开始接纳别人时，你的心灵也就开放了，同时也会使自己更加自信。

最后，接纳你目前的生活现状。接纳你现在的生活现状，不用去改变它，要相信每一情境本身都是特别完美的，所有的人际关系同样非常完美，每一种人生经历都会帮助你成长，每一个外在的障碍都在帮你你坚强。不用想方设法去诠释你的生活，你不会发现缺失，就不会感到失落。不管是正面的诠释还是反面的，都是你这一生一定要突破的幻境。只有接纳了自己目前的生活现状，我们才能获得内心的安宁与平静。

要接纳自己平凡的过去，并且不要去羡慕别人。即使我们还在山脚下而别人已经登上山顶，只要我们不失去继续攀登的勇气，就足够了。即使自己现在从零开始，只要拥有自信心并且努力前行，就能够走向成功。要学会接纳自己的不幸，努力耕耘属于自己的人生。这个世界上既然有了我们的存在，就肯定有一条属于我们自己的路，我们只要勇敢走下去就好。

理性思考，懂得控制自己

　　一个人想要做到时刻保持理智，能够自我控制是很难的，但是这点很重要，可以说它是最主要的做人美德之一。如果一个人无法控制自己，那么一切事情都会因为自我的失控而毁掉，同时会因此得罪很多自己需要的人。

　　在芝加哥一家大型百货公司，拿破仑·希尔亲眼目睹了一件事。这家公司受理顾客投诉的柜台前，很多女士都在那里排队争着向工作人员诉说她们的情况。在这些投诉的女士中，有几个非常生气的，说话不讲道理，有的甚至讲出非常难听的恶言恶语。而柜台后的这位年轻小姐，在接待了这些愤怒且不满的女士后，完全没有表现出憎恶的情绪。她脸上一直保持着微笑，指导女士前往相关部门，她非常地优雅并且镇静，拿破仑·希尔非常佩服她的自制修养。

　　同时他还看到年轻姑娘的背后还站着另一个年轻的姑娘，她快速在纸条上写下一些字，然后交给她前面的姑娘。纸条上简要记下了那些女士们的抱怨内容，但是没有写下她们恶毒的话。

　　原来，站在柜台后面那位总是面带微笑的姑娘是听不见的。她的助手通过纸条把所有需要知道的情况写给她。

　　看到这样的情况，拿破仑·希尔十分好奇，便去访问这家百货公司的经理。经理对他说，做这样的安排是因为投诉柜台是公司中最艰难而又最重要的一项工作，他一直找不到具有足够自制力的人来担任这项工作。

拿破仑·希尔再次回到柜台旁边时发现，柜台后面那位年轻姑娘脸上温和柔美的微笑对这些愤怒的女士产生了非常良好的影响。她们走到她面前时都是特别愤怒的，但是等她们离开时，每个都像是温驯的绵羊。甚至有些人在离开时，脸上露出了羞怯的神情，因为这位年轻姑娘的"自制"让她们对自己的作为感到惭愧。

从此以后，每当拿破仑·希尔对自己所不喜欢听到的评论感到反感时，就会马上想到那个投诉柜台后面的姑娘。他经常会想，每个人都应该有一副"心理耳罩"，在必要时用来遮住自己的双耳。他自己已经养成了一种非常好的习惯，那就是对于他不想听到的话，可以把耳朵"闭上"，免得给自己增加烦恼。生命中还有很多有意义的事情等着我们去做，所以我们不必对那些说出我们不喜欢听到的话的人去进行"反击"。

拿破仑·希尔在事业生涯初期发现，缺乏自制会对生活造成极其可怕的破坏。他是从一个很普通的事件中发现的。而这一发现使拿破仑·希尔获得了一生当中最重要的一次教训。

某次，拿破仑·希尔和办公室大楼的管理员发生了点误会。而这一误会导致他们两人之间彼此憎恨，甚至是敌对状态。这位管理员为了表示对他的不满，当整栋大楼只有拿破仑·希尔在工作时，他就会立刻关掉大楼里的全部的电灯。这一情况不只发生了一次，最后拿破仑·希尔决定"反击"。一个星期天，"反击"的机会来了，拿破仑·希尔到书房里准备一篇演讲稿，准备第二天晚上发表，当他刚刚在书桌前坐定，电灯果然又熄灭了。

拿破仑·希尔马上跳起来直奔大楼地下室，他知道管理员在那儿。等他到了地下室时，发现管理员正在忙着把煤炭送进锅炉内，边忙还边吹口哨，好像什么都没有发生。

拿破仑·希尔站在那里开始大骂管理员，五分钟没有停下来。

后来，他实在没有什么词可以骂人了，才放慢了速度。这时，管理员直起身，转过头来微笑看着他，并以一种充满镇静与自制的柔和声调说：

"你今天有点过于激动，不是吗？"

管理员的话像利剑一样刺进拿破仑·希尔心里。

试想一下，当时的拿破仑·希尔会是什么感觉。站在他面前的是一个既不会读也不会写的文盲，即使这样他却在这场战斗打败了自己，并且这场战斗的场合还有武器，都是拿破仑·希尔自己挑选的。

拿破仑·希尔知道，自己被打败了，更糟糕的是，他是主动迎战的，还是错误的一方，这一切让他更加觉得羞辱。

拿破仑·希尔用最快的速度回到自己的办公室。他再也不想做任何事情，当他把这件事反省了一遍之后，马上看出了自己的错误。但是，说实话，他很不乐意采取行动来纠正自己的错误。

他心里清楚，必须向那个人道歉，只有那样内心才能平静。他用了很长时间说服自己，决定再次到地下室，忍受必须忍受的羞辱。

拿破仑·希尔回到地下室，请那位管理员到门口。管理员依然用平静温和的声音问他："这次你想干什么？"

拿破仑·希尔跟他说："我是来向你道歉的，假如你肯接受的话。"管理员脸上再次露出微笑，说："上帝保佑，你用不着向我道歉，这里除了墙壁，还有你跟我，没有别人听到你刚才说的话，我不会把它告诉别人，我们都将它忘了吧。"

管理员的话让拿破仑·希尔心里好受多了，因为管理员不仅原谅了他，还愿意帮他隐瞒此事，不对别人说起。

拿破仑·希尔走向管理员，抓着他的手用力握了握。他不仅是用手同管理员握手，更是用心。返回办公室的拿破仑·希尔心情十分愉快，因为他终于战胜自己，化解了自己做错的事。

通过这件事，拿破仑·希尔下定决心以后绝对不会再失去自制。因为一旦失去自制，任何一个人都能将他轻易打败。

我们由拿破仑·希尔的例子也可以看出，理智是多么重要，一个人不管如何优秀强大，如果不能保持理智，那结果也只能是自我毁灭。

放下心中的无助，为心灵减负

如果一个人身上背负了太多的包袱，时间久了就会感到疲惫。

圣严法师曾这样说："无事忙中老，空里有哭笑，本来没有我，生死皆可抛。"这句话说得真好，其实人身上过重的包袱，都是人内心的挂念。我们只要将过重的包袱放下，人生的旅途就能变得顺利轻松，更加自在，进而就会发现很多从未见过的人生美景。

有位住持，他喂养了一只狗，起名"放下"。每天他呼唤这只狗时，都要叫"放下，放下"。所以大家每天都可以听到无数次"放下，放下"。时间久了，就有人问他，为什么要给狗起名为"放下"？住持回答说，他只是想时时提醒自己学会放下。他叫"放下"的时候，看似在叫狗，其实也是不断告诫自己，要学会放下。因为他懂得，人生杂念太多，包袱太重的话，是很难做到放下的。

生活中有很多人因为身上包袱太重而感到烦恼，但是又不知道怎么将包袱放下，因此一直原地踏步，不断抱怨。只有了解了放下的真谛，才能真正体会它给我们带来的好处。

有位非常受欢迎的男演员，每当记者问他有什么愿望时，他总会幽幽地说："被大家喜欢我很高兴，也谢谢大家的支持让我能在演艺界有自己的一席之地。我在唱歌方面已经获过奖，证明了自己的实力与努力。很多人都知道，电影一向是我的最爱，我一直在那方面很努力，就是想得到评审的认可。但是直到现在还是没有得过奖，这是我心里最大的遗憾。我希望自己以后能够得到金马奖。"没有得到认可，没有获奖一直是他心里的缺口，让他没有办法真正地开心。其实，他在别人看来已经很完美了，拥有俊朗的外形，出色的演技，几乎无可挑剔。直到有位资深演员意味深长地跟他说了一番话，他才终于想明白了。

那位演员对他说："你的演技已经很好了。不过，你发现没有，其实你并没有放下偶像的包袱。不管你如何努力，大家看到的还是一位帅气的男演员在演出。不管你接到什么样的角色，你在意的还是自己的造型与外表。因为外形优秀，你不敢真的扮丑；因为觉得自己是偶像，就不敢演坏人。我问你，这么沉重的包袱被你背在身上，你怎么能心无杂念地演出呢？"听了这些话，男演员终于明白了。之后，他抛开了偶像的包袱，全身心地投入到角色中，最后终于拿到了金马奖。评审对他的评语说："我们不会再在他身上看到偶像包袱。电影中的他完全变成了他饰演的人物，他已经成为一名真正的演员。"

确实，许多人都无法看到自己身上的包袱，从而让自己的人生受阻，无法走得顺畅。如果我们能够看清楚这件事，会对人生有很大帮助。

有时候，放下是一种大智慧，是一种睿智。只有放下该放下的，我们才能让心灵得到真正的快乐，才能在迷雾中找到前进的方向。

　　歌德曾经说过这样的话："虽然人人都想要得到很多，但是真正需要的却很少；这是因为，人生很短暂，人的生命也很有限。"人生的确很短暂，短暂到让人很难看清许多事情，或者要求太多。过于沉重的包袱跟过多的欲望，总是会使人困惑和不满。人们都希望得到更多，贪心和欲望是难以去除的两大包袱。它们理直气壮地出现在人们的生活中，压在人们的身上，不愿离开。不过，静心思考一下，我们真正需要的，又有多少呢？只有懂得自己的真正所需，才能使人生变得更美好。

　　面对人生，我们要尽量做到平心静气，用平和的心态思考一下身上的包袱里哪些东西是可以丢弃的。人生其实很短暂，所以我们没有那么多时间去浪费。豁达的人懂得放弃，懂得将包袱放下，他们的人生就会比较轻松自在。我也知道，放弃其实很难，但是它是人生必修的功课。从现在开始，学习这门功课吧。试着将包袱放下，使自己轻装上阵，这样我们人生的旅途才能更顺利，更自在，才能看到更多的美景。

第十二辑
未曾起伏的人，不懂命运

　　有句歌词说得很好："人生难免起起落落。"确实，没有谁的一生是风平浪静的，真的那样人生也会失去很多乐趣。如何在飞速发展的当今社会寻找到内心的安宁，是值得我们每个人去思考的。

自我反省，不被一时成功蒙蔽

在古时候，仓颉是黄帝手下的官吏，他每天的工作就是管理圈里牲畜的数目跟屯里粮食的多少。牲畜跟粮食储藏都在逐渐增多，数目也在不断变化，导致单纯凭借脑袋已经记不住了，这使仓颉十分犯难。

仓颉为此想了很多办法，先是在绳子上打结，不同的种类用不同的颜色代表。时间一久，仓颉发现在绳子上打结是很简单，但是想从绳子上解开就非常麻烦了。这个办法不行，他又想到另一个办法，在绳子打上大圈，在圈里挂上不同的贝壳，以此替代所表示的东西，增加时添贝壳，减少时去掉贝壳，这个方法一用就是好几年。

通过这件事，黄帝发现仓颉特别能干，就给他安排了其他的任务。让仓颉来管理每年祭祀的次数、每次狩猎如何分配、部落的人丁增减，等等。这时，仓颉发现就算是添绳子和挂贝壳，也已经不能保证不出差错了。

有一天，仓颉去参加集体狩猎，在一个三岔路口处，看见有几个老人在激烈争辩。原来他们在说往哪个方向走，一个坚持往东，说那边有羚羊；一个想要往北，因为那里有鹿群；还有一个坚持往西，说那边有两只老虎，不及时赶到的话就会错过机会。

他们究竟是如何判断哪个方向有什么动物的呢？仓颉走上前去问几个老人，原来他们是根据路上野兽留下的脚印认定的。这一答案让仓颉心头一震：

既然每种动物的脚印都能代表自己，那么为什么不用一种符号来代表我管理的那些事物呢？

想到这里，仓颉赶忙回家进行创造，用各种符号来表示各种事物。这样一来，他又将事物管理得井然有序。

这件事很快便被黄帝知道了，他对仓颉大加赞赏，叫仓颉将这种方法传授到各个部落，大家都觉得特别好，所以这些符号开始被人们广泛使用，这就是古代最早的象形文字。

仓颉创造出这些符号之后，受到黄帝的欣赏，大家也都纷纷称赞他，他的名气开始越来越大，得到赞赏的仓颉开始骄傲自大起来，所有人都不放在眼里，造字的时候开始变得马虎。

黄帝发现仓颉的变化后非常生气，他不允许自己的臣子变坏，于是找到部落里德高望重的老人与之商议。这位老人已有一百多岁，沉思了一会儿便独自去找仓颉了。

找到仓颉时，他正在教部落里的人识字，老人对他说："仓颉啊，你创造出来的字早就已经被大家流传开了，但是我老了，眼睛不太好使了，有几个字到现在都还不是很清楚，我想让你教教我。"

仓颉看到部落里德高望重的老人都非常尊敬他，就更加得意了，催老人快说。

老人对他说："你创造出的'马'字、'驴'字都有四条腿的对吧？但是牛也跟它们一样有四条腿啊，可是你造出来的'牛'为什么没有呢？"

听了老人的话，仓颉开始有些心慌，因为他在造"鱼"字时，跟"牛"弄混了。他后悔自己那么粗心，竟会把这两个字写颠倒了。

老人接着说："那个'重'字与'出'字，一个是说千里之远，一个是表示两座山合在一起，为什么也好像反了一样。这几个字真是让我很不明白，只好来请教你。"

仓颉特别羞愧，知道因为自己的骄傲，铸成大错，这些字已经传遍了各个部落，没法改正了。仓颉立刻跪下向老者表示忏悔。

老者来找过他之后，仓颉每造出一个新字，总会反复认真地推敲，还会去请别人给一些意见，再也不敢不认真。

如果一个人获得一点成功就变得骄傲自负，那么离失败也不远了。在得意时，更要多自我反省。取得成绩的时候，是继续往前走，还是原地踏步，取决于你的态度。要常常进行自我反省，不被一时的成功蒙蔽，才能摸准自己的方向，才能继续前进。

瑞典的国宝级编导英格玛·伯格曼被公认是世界现代电影最具影响力的导演之一，他不仅是瑞典著名的电影、电视剧两栖导演，同时也是出色的电影剧作家，他被人们称作是现代电影的"教父"。即使是这样一个举世闻名的人，也曾经因骄傲经受了惨痛的失败。

1947 年时，事业刚刚起步的伯格曼拍了《开往印度的船》，那时的他非常狂妄自大，自我感觉非常好，他高傲地认定这部作品肯定特别优秀，不允许减掉电影中的任何部分。而是由于过度自信，他都没有进行试映就匆忙进行了首映。

可是，他也因此尝到了高傲带来的苦果。电影在拷贝过程中出现了严重失误，首映特别糟糕。伯格曼在酒会上喝到酩酊大醉，第二天醒来发现自己在一幢公寓的台阶上。当他看到报纸上对自己电影的影评时，整个人沮丧到了极点。而他的好友则满面笑容地对他说："明天依旧有报纸。"

朋友的西式幽默带给伯格曼深深地安慰，使他一下豁然开朗。

是啊，明天依旧会有报纸，不管是嘲笑还是赞美都不会一直持续，伯格曼马上就明白了自己应该在明天的报纸上留在自己最好的报道。

伯格曼不再失落，开始从失败中吸取经验教训，在下一步电影制作过程中，他经常去录音部和冲印厂，并且在检查的过程中学会了录音、冲片、印片等相关技术，并更加全面地掌握了摄影机与镜头的知识。当他了解了这一切之后，那些技术人员就再也不能糊弄他，他也就可以更好地达到一切可能的自己想要的效果。20 世纪最具影响力的非常有实力的电影大师成长起来了。

人生就是这样，越是得意时，危险就越多。这是因为得意时眼睛总是聚焦在荣誉跟金钱上，往往忽略了可能导致失败的错误。在这里要提醒大家，得意的时候应该时刻反省自己，不要太过于骄傲，不要太自负。要把自己看清楚，充满警惕，不然得意会像一枚炸弹一样随时爆炸，让你受伤。

幸福就在身边，学会珍惜

说到幸福，我们可能会觉得它很虚幻，没法定义到底什么是值得我们去珍惜的。不过，虽然它看似虚无缥缈，但是并不是得不到。幸福其实藏在平凡简单的生活中，融汇在日常的点点滴滴里。

无数人都在追求幸福，却也经常感叹"幸福好遥远"。用心去体会那些不经意的瞬间，你会发现幸福其实就在我们身边。

A 跟 B 是多年未见的老友，A 在一家工厂当工人，B 是一个拥有八家连锁店的老板，他们有天无意遇到，自然有很多感慨。

A 对 B 说："你现在生活得很好啊，什么都不缺。"言下之意不免带着点自叹不如和悲凉。

B 笑着跟 A 说："老弟，要是我跟你说自己并不开心，你是不是不相信啊。"

A 瞪大眼睛看着 B 说："你是不是不知足啊？每天都吃好的喝好的，住的大房子，周围都是漂亮的姑娘跟有学识的人，走到哪里都前呼后拥的，你还说自己不开心？"

B 听完笑着说："既然你不相信，不如跟我一起待几天吧。"

A 非常开心地同意了。可是，才待了三天，他就主动要求回家去了。B 一直挽留都没用，A 真诚地说："我原本以为你每天都过得非常舒服，可是现在你想跟我交换生活我都不要换。"

原来，他们两个在三天里一直没有分开。B 一天要接几十个电话，三天内有十几个小时都在天上飞，剩下的时间都在处理公事。晚上 12 点了还得陪客户吃饭唱歌。还没回家睡一会，就被电话吵醒了，新的一天又开始了。A 没法继续过这样的日子，他觉得 B 还没有他幸福，起码，他是自由的，时间是自己的，而且每天都有足够的休息时间。

通过这个故事我们可以明白一个道理：懂得珍惜，并且能够辩证地看待问题是非常重要的。我们看到的跟羡慕的那些事物，很多时候都只是表面的，这些风光背后的辛酸和苦涩我们是看不到的。

所以，不要再抱怨自己的工作不好，不要抱怨自己不够漂亮，别去羡慕别人有权力地位，别去羡慕有钱人大把花钱，因为你不用付出他们那样的代价，而且你又怎么知道自己拥有的平凡生活不是他们羡慕的呢？

学会惜福，懂得珍惜，并且享受自己所拥有的，也是一种大智慧。

山外有山，虚心才能趋于完美

牛顿有三大成就：光的分析、万有引力定律和微积分学，这些成就为现代科学的发展奠定了基础，因此牛顿被人们称为近代科学的开创者。

虽然牛顿获得了如此巨大的成就，但是他从来都不骄傲自满沾沾自喜。当他发现了万有引力定律之后，没有马上向世人宣布这项伟大成就，而是潜心研究，其实他发现万有引力定律的时间比他正式向世人公布这一理论早了好几年，发现这一定律之后的牛顿又继续孜孜不倦研究了几年，这一过程中没有跟任何人讲过一句。一直到他的好友——天文学家哈雷（哈雷彗星的发现者）在证明一个关于行星轨道的规律时遇到问题向他请教时，他才将自己关于"万有引力"的书稿拿给哈雷看，看到书稿的哈雷心里非常敬佩牛顿，因为那就是他想要请教牛顿的问题。

1684 年 11 月，哈雷再次去拜访牛顿，当哈雷跟牛顿谈到天文学的学术问题时，牛顿拿出"万有引力"的论文给他看，并且要哈雷提意见。哈雷看完论文后非常震惊，再三鼓励牛顿将这一伟大著作发表，好造福人类。

但是牛顿并没有急于发表，又用了几年反复求证和计算，最终确认准确无误后，才在 1687 年 7 月将那篇《自然哲学的数学原理》发表出来。

有人问过牛顿一个问题："您是如何获得成功的？"牛顿是这样回答他的："如果说我有一点微小成就的话，没有别人，就是勤奋而已。"

在取得巨大成就后，牛顿并不骄傲，也没去张扬，相比之下，我们还有什么理由去张扬自己的才华呢？

老舍是我国著名的现代小说家、文学家与戏剧家，他曾经说过："骄傲是一座可怕的陷阱；而且，这个陷阱是我们自己亲手挖掘的。"当人们掉进骄傲的陷阱时，很难再爬出来，很多人就留在了陷阱里，直到最后失去耀眼的光芒。

所以，不论你有多么出众的才华，都不要得意，不管你有多么的成功，取得了多么巨大的成就，都要明白还会有比你更厉害的人，应该虚心向别人学习，取人之长，补己之短。我们都知道，这个世界上没有完美的人，任何时候都应该虚心向别人学习，只有看淡自己的成就，才能使自己进步。

我国古代有一个名叫陈尧咨的人，因为他箭术精良，所以被人们誉为"第一神射手"。有一天，陈尧咨在靶场练习，他的身边围了很多观看的人，不时发出一阵阵赞叹声。人群中有一个挑着油担的卖油老翁，当大家都在为陈尧咨拍手叫好时，唯独这个卖油老翁只是略微点头，并没有对陈尧咨表示钦佩。

陈尧咨看到卖油老翁的反应后有点生气，于是走过去质问他："你也会射箭？"

"我不会。"卖油老翁笑着摇头，说："我知道你箭法很高，但也没有什么特别，不过熟能生巧罢了。"

听惯了别人赞扬的陈尧咨无法接受这样的评价，有些生气，他说："你这老头儿，自己不会射箭还如此小看人。"

"年轻人，你也别生气。"卖油的老人不疾不徐地说，"我呢，是卖油的，从打油上也得到了一点小小的经验，给你看看。"

说到这儿，卖油老翁慢慢将一个盛油的葫芦放在地上，然后将一枚铜钱放在葫芦口上，这时老翁用勺子舀起一勺油开始往葫芦里沥，油全部沥完了，可是铜钱上一滴油都没有。

"你看！这也没有什么特别的，不过熟能生巧罢了。"卖油老翁抬起头，看着陈尧咨说道。

从此以后，陈尧咨再也不跟人炫耀自己箭法出众了。

大多数时候，一个人的才华是相比别人平庸的地方来说的，不过那些才华没有你多的人必定也有出众的另一面。这样看来，任何人都有自己过人的地方，没必要到处宣扬自己的长处。即使你真的拥有特别高的天分与才华，那也不该是你自傲的理由。世界这么大，总会有人比你更加出色。

苦难是生命的财富，勇于面对挫折

有这样一句话："在最黑的土地上生长着最娇艳的花朵，那些最伟岸挺拔的树总是在最陡峭的岩石中扎根，昂首向天。"人们经历的种种不幸不一定都是灾难，人在早年时遭遇的逆境常常有益于此后的人生。上天给了我们机会，让我们与困难作斗争，在磨炼我们意志的同时，也为以后面对更加残酷的人生准备了经验。

日常生活中，我们总是可以看到这样的人，他们会因为自己地位卑微而否定自己，否定自己的智慧，会因为他人的歧视而意志消沉，会因为没人赏识而苦恼。我相信这样一个观点，造物主常常把高贵的灵魂赋予卑贱的肉体，这就好比人们总是把最贵重的东西藏在家中最不起眼的地方一样。

　　一位父亲带着自己的儿子去参观梵高故居。小男孩在参观完梵高曾经用过的旧式小木床跟裂了口的皮鞋之后问自己的父亲："梵高是不是百万富翁?"父亲对他说："不是,他是个连妻子都没娶上的穷人。"

　　又过了一年,这位父亲带着儿子去丹麦参观安徒生故居,参观完后小男孩又很疑惑,他问父亲："爸爸,难道安徒生没有生活在皇宫里吗?"父亲对他说："安徒生是鞋匠的儿子,他的家就在这个阁楼里。"

　　这个小男孩长大了,变成美国历史上第一位获普利策奖的黑人记者伊尔·布拉格。他的父亲是一个水手,每年在大西洋的各个港口来来回回。

　　二十年之后,布拉格回忆起童年时说："我们家那个时候真的很穷,我的父母都靠卖苦力生活。在很长的一段时间里,我都觉得像我们这样地位卑微的黑人不会有什么作为。可是我的父亲让我认识了梵高与安徒生。通过他们我知道了,上帝并没有这个意思。"

　　世事就是如此,有时候非常有才华的人也会隐藏在普通人中间,他们从事着卑微的职业,没有金钱、地位与荣誉,可是在某个领域中,他们却是最厉害的人。

　　人的一生就是不断奋进的一生,需要不断地在挫折中前进,一步一步地战胜挫折,萌生出希望,实现自己的理想,从而走向幸福的彼岸。

　　生活中存在种种不幸,比如失去恋人、贫困潦倒、遇人不淑、怀才不遇等等,但是在不幸面前,只有两种态度:悲观,甚至绝望;还有一种是越来越勇敢,永远保持希望。

　　在挫折面前,人很容易丧失斗志。其实挫折并不是那么可怕,如果你能坚强面对,挫折就会远离你;但是如果你软弱,挫折就会像绳子一样捆住你的双脚。

　　曾经有个美国士兵在战场上失去了一条腿，战后他回到故乡，一群孩子围住他。有的孩子当面嘲笑他，说他以后衣服都会省布料。但是这个士兵并没有生气或者难过，而是笑着说："对啊，我确实很高兴，但是我更羡慕我的一位朋友，因为他两条腿都没有了，比我还省布。"说出这样的话需要多大的勇气啊，这位士兵并没有因为自己残疾了而悲观，而是用自嘲的方式增强自己面对生活的勇气。

　　当我们的面前出现挫折时，可以想一想比自己更为不幸的人，这样一来，自己的这点苦难又算是什么呢？其实挫折并不可怕，可怕的是我们自己放弃了自己，应对挫折的关键在于我们如何面对。

敢于吃苦，坚持做自己

　　有个家境贫寒的年轻人，经常四处搬家，从小就梦想着能够有一个亲手建造的舒适温暖的家。

　　等他长大以后，没有丝毫犹豫地选择了木匠工作。这是他的同龄人都不愿意做的非常辛苦的工作，但是他却心甘情愿。但是，他有一个缺点就是缺乏自信。

　　年轻人的师傅是一个非常严厉的人。从他拜师第一天起，师傅就一直教训他、辱骂他并且对他各种挑剔，他的双手常常因为练习量过大而磨破出血。

　　等他磨炼了一段时间之后，师傅看他技术逐渐成熟，就让他和其他木匠一起参与设计的工作。得知这一消息后，他心里很害怕，因为他从来都只会做工，对设计一点概念都没有。

这个年轻人设计出来的东西就好像他的人一样，很自然，很朴实，跟别的木匠不一样，其他木匠的作品都是非常奢华的，没自信的年轻人因而感到不如别人，很自卑。于是，他放弃了自己的设计风格，开始模仿其他木匠的设计，这一改变使他自己的风格变得异常混乱，一直得不到师傅的肯定。

过了一段时间，他的师傅将他叫去，告诫他说，只要做自己就好。于是年轻人还是按照自己的想法去设计，因为不懂设计，他将多半的时间与精力放在做工的部分，慢慢地，他的木工做得越来越精致、细腻，逐渐有了个人的风格与口碑。

一天，他的师傅跟他说让他参加知名建筑商举办的"温馨住屋"设计竞赛，并且鼓励他，获胜的人可以得到丰厚的奖金与一份神秘大礼。年轻人不想自己的师傅失望，就用尽心思设计出他心中最为理想的家。因为他的设计完全符合竞赛要求，同时做工非常完美精致，被评选为冠军。

年轻人非常开心地前去领奖。建筑商为他颁奖之后公布了那份神秘大礼，原来，奖品就是那栋他自己精心打造的房子。年轻人激动地落泪了，因为他的梦想实现了。

这个故事告诉我们一个很简单的道理，人生就是一项做自己的工程，我们现在做事的态度，决定了我们明天住的"房子"。

大多数人的注意力会更多地放在自己的缺点而不是优点上。每个人都不要被自己打败，有的时候就是需要坚持做自己，吃一点苦不算什么，努力耕耘之后往往会获得意料之外的甜美果实。

不居功自傲，适时进退

一个真正的乞丐之所以没有脾气没有骄傲，是因为缺少骄傲的本钱。人一旦骄傲，大多是有了骄傲的本钱，至少是自己认为有了本钱。居功自傲那是因为有了功劳才会自傲。

自傲，书面上解释一下就是自满和骄傲。于心，那便是自满；于形，就是骄傲。傲是由于自满产生的；满是因为器小。我们中国有个成语叫做水满则溢，一只酒杯只能盛得下一两八钱的水，多一点都会流出来。这不是水多的问题，而是器小。

人满则傲，人要是眼光短浅并且毫无气量的话，就跟那个酒杯一样，只能承受一点点的成功，多一点都承受不了。之所以这样是因为他心里的世界只有酒杯那么大，一杯酒那么大的成功在他看来就可以让他沉醉其中了。这并不是因为功大，而是量小。天欲祸人，必先以微福骄之，所以福来了不用太过欢喜，就看他会不会受；天欲福人，必先以微祸儆之，所以即使祸来了也不必担忧，要看他会不会救。对于那些量小的人来说，成功与祸害的威力是相同的。

褚英，努尔哈赤长子。努尔哈赤起兵时，褚英才 3 岁，因此褚英自幼看惯了长矛短剑，有着过人的胆识与勇武。

到了 19 岁时，褚英首次奉命出征。他与自己的叔父率军一举夺取了安楚拉库与内河的 20 多处屯寨，掠获人畜万余，自此崭露头角。努尔哈赤很疼爱自己英勇的儿子，封他为贝勒，从此之后，褚英成为他父亲身边的一员猛将，开始协助父亲打天下。

努尔哈赤为了帮助自己的儿子树立威信，特意授命他掌管国政。而褚英并没有做得很好，他因为年纪轻、资历浅、心胸狭隘，经常办事不公，而且野心也在快速膨胀。为了早点独揽大权，褚英使用了各种卑鄙手段。他先是凌辱努尔哈赤特别倚重的五位大臣，依靠暴力威胁他们不许与他作对，之后又对他的四个弟弟施虐。

在一天夜里，褚英召集来自己的四个弟弟，强迫他们对天发誓要效忠于自己。褚英的种种做法使自己完全陷入了孤立的境地。深受其害的四兄弟和五大臣终于无法忍受，联合起来向努尔哈赤告发褚英。当然了，严格一点来说，这种告发有受到侮辱后的委屈，也有四位贝勒对汗位的窥窃。四位贝勒与五大臣联合起来告发褚英使努尔哈赤叫苦不迭，他感到了莫大的失望。经过深思熟虑，努尔哈赤将原先赐给褚英的部众、牧群都平均分配给诸弟。褚英从此不能再执政，也没有领兵出征，只能留守。

原本是汗位继承人，现在被废，使褚英本来就不开阔的胸襟充满了仇恨与不平。被种种负面情绪包围的褚英祷告上天自诉，焚表诅咒在外出征的汗父、四兄弟还有五大臣。但是他所做的事情很快就败露了。那些口口声声说要跟褚英同生共死的四个仆人，一个畏罪自杀，三个向努尔哈赤告发。

得知这一消息的努尔哈赤震怒了，他下了最后的决心将褚英处死。

一个人的名气大了，不沽名则其名愈溢；一个人的功劳大了，不矜功则其功愈显。

大将军徐达对于明王朝的建立有着功不可没的功劳。徐达跟朱元璋可谓是从小到大的朋友，他们小时候一起放过牛。等到跟朱元璋一起打江山时，他有勇有谋，用兵持重，为明朝的创建立下汗马功劳，同时深得朱元璋宠信。就是这样一个地位很高的人，却从来都不居功自傲。

每年春天，徐达挂帅出征，到了暮冬的时候就返回朝廷。他回朝之后会立即交还帅印，然后回家过着特别简朴的生活。

因为徐达与朱元璋是至交，并且立下赫赫战功，所以朱元璋将自己的次女许配给他，同时还把旧邸赏赐给他，好让他享几年清福。但是面对这样的赏赐，徐达不肯接受。无奈之下，朱元璋请徐达去旧邸喝酒，把徐达灌醉之后蒙上被子亲自把他抬到床上睡下。半夜，徐达惊醒之后问旁边的人自己睡在哪里，当知道是旧邸之后连忙跳下床，跪在地上自呼死罪。

看到徐达如此谦恭，朱元璋心里非常高兴，特意命相关部门在旧邸前面修建了一所宅第，并且亲自为门前的石碑题字，写着"大功"二字。

原本可以尽情享受的徐达，一生不好声色酒财。朱元璋赐给他一块沙洲，因为那里处于农民水路必经的地方，所以家臣靠着这块沙洲为自己谋私利。徐达发现之后，立即将此地上缴官府。

徐达于1385年病逝于南京。得知徐达去世，朱元璋悲痛不已，追封徐达为中山王，并把他的肖像陈列于功臣庙第一位，称他为"开国功臣第一"。

徐达是个聪明人，他知道应该怎样与皇帝相处，明白跟朱元璋在一起只能共苦不能同甘。如果自己居功自傲的话，一定会给自己找麻烦，引火烧身。所以，懂得这些道理的徐达做人非常低调。这里既体现了徐达良好的品行，也表现出他保全自己的良策。

我们都知道，骄傲是不好的，对自己有害，那么为什么还要骄傲呢？我想可能是骄傲的人对此并不知情。骄傲的人会无法正确判断自己和外界的能力，会失去把持自我的能力。人在骄傲的状态下，关注的都是"曾经的贡献"，耳朵更多地听到的是"过去的事情。"这样的人会变得迟钝，丧失了对外界变化的感觉。

我们任何人，想要获得真正的持久的成功，就要牢牢把握这一点。不管在什么环境什么时间，都不能居功自傲，功高盖主。在需要退让的时候进行退让，懂得怎么样明哲保身，从而取得最后的胜利。

掌控自我，做命运的主人

从前有个衙役，他奉命送一个犯了罪的和尚。出门之前，他担心自己会忘了东西，就编了一个顺口溜："包袱雨伞枷，文书和尚我"。一路上，衙役一直都在念着这句顺口溜，他害怕自己把东西丢了无法交差。和尚看这个衙役呆呆的，就在停下休息吃饭的时候把他灌醉了，然后趁机给他剃了光头，把自己脖子上的枷锁拿来下给他戴上，自己开溜了。衙役醒来之后，总觉得哪里不对劲，可是包袱、雨伞跟文书都在，低头看看，枷锁也在，再摸摸自己的光头，说明和尚也没有丢。那少了些什么呢？他就又念了一遍顺口溜，发现："我去了哪里？怎么我不见了？"

这个衙役悲哀的地方就在于，他丢失了自己我。可以说，一个没有办法主宰自己命运的人是不幸的。亨利曾说："我是命运的主人，我主宰我的心灵。"

我们应该做自己的主人，去主宰自己的命运与心灵，不能把自己交托给别人。

想要做自己的主人，就不能被金钱诱惑，不能被权力俘虏，要在各种诱惑面前做真实的自己，一个人过于追求外在物质，可能会得偿所愿，但是却会像上面提到的衙役一样，把最重要的一样给丢了，那就是自己。

只有我们自己才有权力决定自己该做什么不该做什么，坚决不能由别人来替我们做决定，更不能让别人左右了我们的意志，让自己成为别人的附庸。

不过，我们要做自己命运的主人，主宰自己的心灵，不代表我行我素，更加不是随意任性妄为。它也是要遵循并且坚守一些原则的：

首先，做自己命运的主人，并不是偏执于个人之见。有的人会对自己的想法与意见过于偏执，凡事都以自我为中心，不与他人商议。其实，做自己命运的主人也是要和别人合作的。我们身处在一个群居的社会中，靠自己是注定要失败的。

放下自己的执着，学着听取别人的意见，做到从善如流。

其次，做自己命运的主人，不要自傲自负。我们所说的做自己的主人，并不是告诉大家要孤芳自赏、自傲自负。那样的人就好比挑着重担前行的人，行进之路必然会经历艰难险阻。

再次，做自己命运的主人，不能任意妄为。任性的人都非常自大、傲慢，这样的人做事只会成事不足，所以千万不要任性。

最后，做自己命运的主人，不能刚愎自用。这样的人特别恣意妄为，只根据自己的感觉来，完全不重视他人，这样的人即使拥有了天下，也不能长久。不论是统一六国的秦始皇，还是五胡十六国的一些朝代，都是因为帝王的刚愎自用而亡国的。

做自己命运的主人，不是让我们眼中只有自己，而看不到他人，而是要求我们凡事有自己的主见，做任何事情都有自己的原则与立场，这才是真正主宰了自己的心灵。

钱财身外物，要拒绝浮躁心态

有钱人的生活该是什么样的呢？人们都认为他们的生活应该跟豪车、名宅、美食、珠宝、高品位与享受相关联。现实确实如此，因为财富，有钱人总是比常人拥有更多享受的条件。我们总能在报纸上看到有钱人种种奢华的消息。

但是，并不是所有有钱人都过着挥金如土的生活。虽然他们拥有的财富早已超过了生活所需，但是他们却过着跟普通人一样的朴实生活，有些甚至还很"抠门"。美国人巴菲特被称为有史以来最伟大的投资家，就是这样一个人，他的生活准则却是简单、传统和节俭。他穿旧西服，用旧钱包，开旧汽车，自己怡然自得。

2006 年度的美国《福布斯》全球富豪排行榜上，我国富商李嘉诚以 188 亿美元排在第 10 位，这也是近年来中国富豪首次跻身 10 强。

如此有钱的一个人，大家可能想象不到，他对于自己的衣服还有鞋子是什么品牌从来不怎么讲究。在他看来，一套西装穿八年穿十年都是很正常的事情。皮鞋坏了他也不扔掉，觉得可惜，补好了继续穿，所以李嘉诚的皮鞋多半是旧的。

著名的家具品牌宜家是瑞典人英格瓦·坎普拉德创造的，他曾经超过比尔·盖茨成为世界首富。但是他却一直过着非常简朴的生活。他的汽车已经开了 15 年，出行时如果需要乘飞机总是坐经济舱。有一位记者问他："请问你是不是真的驾驶一辆很旧的沃尔沃汽车？"他回答说："它还很新啊，才用了 15 年。"

作为一个有钱人，他们应该拥有什么样的心态，通过上述知名企业家我们就能略知一二。我们总是会反感那些"暴发户"，因为他们整天以炫耀为荣，也可能是因为他们还没有足够有钱，但是由于他们浮躁的心态，他们的财富也注定不会长久吧。

有钱是一件很好的事情，这说明你的原始积累很成功，同时可以在这一方面证明自己的价值，而且可以实现自己的梦想，因为有强大的资金做支撑。但是如果你把钱财作为炫耀的资本，就没有办法取得新的突破。所以，不论一个人再怎么有钱，都要利用好，不要让原本很好的事情变坏，也别让它阻止你享受人生。

不固执己见，学会正确思考

过分坚持会变成固执。我们要学会接受别人的合理意见，因为那是对我们自己有利的。种种观察表明，导致固执己见的原因有两个：第一，对安全与持久考虑，这会让你固守自己的看法。其次，你需要一个自己认同的事物来作支撑，这种认同能让你感受到自我的存在。

那么，寻求认同的结果是，你一旦做了决定，就不愿意改变，觉得那是对自我的威胁。其实，质疑你的想法等于质疑你本人，不论是谁都不想这么做。

想要克服固执己见的坏毛病，可以分三步去试试。

首先，先要确定你是谁。每个人都是独立的个体，你也一样。跟大家说一个有趣的练习，它可以让你准确地锁定目标。假设现在有个外星人走到你面前问你："你是谁？"接着假设这个非常好斗的外星人要你一定得说一个小时以上，不然它就会认为地球人特别无聊，要立即灭绝，你打算说些什么？

在纸上尽可能多的写出你的答案，并且要深入。除了你的家庭，你的年龄性别等等，你是否记得儿时的事情？你每天都在思考些什么？你最喜欢谁？等等。如果你不知道说什么了，就说说你想变成一个什么样的人，总之要让外星人明白理想对于人类而言有多么重要。

其次，进入一个与自我相对陌生的领域。那些固执的人总是不愿意接受新鲜事物，但是他们却想要吐露心声。我们发现，一个真正自信并且自身有安全感的人都非常乐于听取新的观点与信息，并且将它们融合在自己的实际行动中。要明白，那些信息跟观点并不会损伤你的特性，而是帮你建立自己的特性。

你可以找一个自己并不熟悉的领域，然后试着进入。例如，你是个作家，而你对植物学没什么了解，那么就上网查资料，找相关书籍，开始自己学。或许你会有特别多的收获。

最后，要能用别人的眼睛看问题。治疗固执最好的办法就是从别人的角度看问题。读一本与你观念相反的书，或者找一个愿意在一天之内被你"影响"的人。

当你走完这一过程，就会对生活产生一些其他的看法。你会懂得怎样更好地欣赏别人，怎样更加尊重别人，而且你也会更加强烈地意识到自己独有的特性，你会变成一个心胸开阔并且豁达的人。

我们都要努力改变固执己见的坏毛病，这是我们的必修课。如果不去改变的话，我们将一直生活在郁闷中，连正常人的平和豁达心态都没有，更别说成功了。

16 岁的佛瑞迪在暑假快要来临的时候跟他爸爸说："爸爸，我不想一整个夏天都管您要钱了，我要自己挣钱。"

父亲开始时非常震惊，等他回过神来之后对儿子说："可以啊佛瑞迪，我会给你找个工作的，但是应该没有太大希望，因为现在整个大环境都不太景气。"

"不是这样的，我不是要您帮我找工作，我要自己找。对了爸爸，不要那么消极嘛，虽然大环境不好，但是我还是可以找到工作啊。有些人不管什么时候都可以找到工作。"

"什么人呢？"父亲带着怀疑问。

"肯动脑筋思考的人。"儿子回答说。

想到就去做。佛瑞迪在"招聘"广告栏上仔细寻找，看到一个非常适合他的工作，广告上说，应聘的人要在第二天早上 8 点到达招聘地点。佛瑞迪第二天 7 点 45 分就到了招聘地点，但是他发现前面已经有 20 个男孩排队等候了，现在他是第 21 名。

怎么样才能在这么多人中脱颖而出呢？这是他现在面临的最重要的问题，那么怎么解决这一问题？只能做一件事——思考。因此他开始了最令人痛苦同时也最令人快乐的程序——思考。

只要你认真思考，总会有办法的，佛瑞迪就想到了好点子。他找来一张纸，在上面写了一些东西，然后折叠得很整齐，走向秘书小姐。用非常尊重的语气对她说："您好，请问您能尽快将这张纸条转交给您的老板吗？这特别重要。"

她是经验非常丰富的员工，如果他只是个普通的男孩，那么她会对他说："好了，你还是回到队伍里面等着吧。"但是他并不普通，她能够感受到他身上散发出的自信的气质。她收下了纸条。

"可以!"她说,"让我来看看写了什么重要的事情。"她看了不禁微笑了起来。这位秘书马上去老板办公室,把纸条放在老板的桌上。老板看完也笑了,那纸条上写着:"尊敬的先生,我排在队伍的第21位,在您还没有见到我之前,请您不要轻易做决定。"

那么他得到工作了吗?答案是肯定的,因为他一早就开始动脑筋。一个肯随时动脑筋思考的人总能把握问题,并且解决它。

佛瑞迪所处的位置看似毫无优势,但是思考过后的结果却使他战胜了其他对手。

正确地思考深受好几项成功原则的影响:拥有非常明确的目标、能够迅速做出决定、保持积极乐观的心态。它对注意力控制也有特别大的影响,而这一项成功原则,能够让你更加专心地为成功努力。

无法想象,一个不懂得正确思考自我的人,在遭遇挫折之后,还是不会使用正确的思考方式,面对的将会是什么样的人生。

下面我们再来看一个关于"思维死角"的故事:

课堂上,教授给自己的学生出了这么一道题:有个聋哑人,他要去五金店买钉子,他先是用左手做了拿钉子的动作,捏着食指与大拇指放在柜台,然后右手做捶打状。售货员给他拿来一把锤子,他摇摇头,指指自己做持钉状的两只手指。这回售货员拿了钉子给他。就在这时,来了一位盲人顾客。

"同学们,你们说,盲人将怎样用最简单的方法买到一把剪子?"教授这样问道。

"很简单啊,只要伸出两个指头模仿剪刀就好了啊,剪刀很好模仿的。"一个学生答完,全班表示同意。

教授笑了,说:"盲人只要开口说要剪刀就好了。同学们,你们要记住,如果一个人进入思维死角,那么他的智力就会在常识之下。"

曾有这样一个传说，说的是一位艺术家一直想要找到一块檀香木来雕刻圣母像。可是他一直找不到，就在他马上就要绝望想要放弃的时候，他做了一个梦，梦中有人跟他说，用一块烧火用的橡木雕刻圣母像。他醒来之后，没有犹豫立马照办，用一段非常普通的木柴创作出了雕刻史上最著名的作品。

人们常用"快刀斩乱麻"来比喻做事干脆利落。看上去这个道理很好懂，但是很多时候人们都会困于旧套，在那些固定模式中寻觅。有时，习惯也会变成一种障碍。

学会与人交往，不随便揭人伤疤

人们都不喜欢别人谈及自己不好的一面，如果拿别人的弱项来做文章，就好比在别人的伤口上撒盐，那么不论是谁，都无法忍受。你让别人受到伤害，反过来别人也可能会伤害你，那么在这样的生活中怎能得到幸福呢？

明太祖朱元璋家境贫寒，等到他当上皇帝之后，有很多昔日的穷哥们儿去京城找他。来找他的人都以为他会顾及旧情，给他们封个一官半职，哪里晓得朱元璋最忌讳别人揭他老底，他觉得那样会让他失去威信，所以对来访者都拒绝见面。

有位跟朱元璋从小一起长大的好友，一路从老家奔波到南京，经过很多周折才进了皇宫。等他看到朱元璋，立马当着文武百官的面大声嚷嚷起来："朱老四呀，如今你当了皇帝可真是威风呀！你在还记得我吗？咱俩可是一起光着屁股长大的好兄弟啊！你干了坏事都是我替你挨打。你还记得吗，有次咱俩去偷豆子吃，背着大人用破烂的瓦罐煮豆子，那些豆子都还没熟你就开始吃，结果把瓦罐都给摔烂了，豆撒了一地。当时你吃得那么急，豆子都卡你嗓子眼儿了，还是我给你弄出来的。怎么着，你现在都忘干净了？"

朱元璋的好友一直不停地说，坐在龙座上的朱元璋再也忍不下去了，心想这个人也太不识趣，竟然会当着这么多大臣的面揭我短处，让我这一国之君的脸面往哪儿放。一怒之下，朱元璋下令杀了这个往昔的哥们。这个人因为揭人短而付出了巨大代价。

我们与他人接触时，场面话谁都能说，但是不是谁都能说好。可能一不注意，自己就踏进了言语的"雷区"，触到了对方的隐私和痛处，不小心惹到了对方，并且对听话的人造成了伤害。每个人都有自己的长处跟短处，看一个人懂不懂与人交往，很重要的一个因素就是善于发现对方身上的优点，学会夸奖对方的长处，不要去触碰别人的隐私、痛处与缺点。一定要记住：揭人之短，伤人自尊。

有的人也会故意"揭短"，相互敌视的双方会以此作为武器。有的"揭短"是无意的，可能是不小心犯了对方的忌讳。不管有意无意，在待人处事中揭人短都会伤害对方的自尊，轻一点，会影响双方的感情，重的则会导致友谊破裂。

几个人一起看电视，里面出现几个婆媳争吵的镜头。张大嫂无意说："要我说，现在的儿媳真是不知好歹，都不想跟老人一起住，怎么不想想自己老了怎么办？"话音未落，旁边的小齐立马站了起来，非常气愤地说道："你能不能好好说话，别给自己找不自在，我最讨厌别人指桑骂槐。"原来，小齐向来跟自己婆婆不和，最近刚刚搬出来住。张大嫂并不知情，无意中揭了对方的短，也得罪了对方。

所以，我们要了解与自己相处对象的长处和短处，避免伤人伤己。

让我们来看下面这个例子。

有位年轻的姑娘身材比较丰满，尝试了很多减肥药都不见效，心里非常苦恼，而且特别害怕别人说她胖。一天，她的同事小张跟她说："你每天都吃什么啊，整个人像吹气儿似的，几天就胖一圈。"胖姑娘听了恼羞成怒，对小张说："我胖怎么了，碍你事儿了么？我又没吃你的喝你的，你还真是狗拿耗子多管闲事。"小张顿时涨红了脸。小张明明知道对方的短处，还故意把话题往那上面说，这自然就犯了对方的忌讳，就是给自己找麻烦。

俗话说得好："打人不打脸，揭长不揭短"。我们要是想跟他人友好相处，就要尽量去体谅别人，维护他人的自尊，不去说对方不想说的话题，别触碰别人的痛处。

收起锋芒，以谦虚明哲保身

一个人想要谋求更好的发展，就要让自己处处小心谨慎，一步一个脚印往前走。

荀攸是三国时期曹操的著名谋士，他聪颖过人，谋略超群。荀攸辅佐曹操征张绣、擒吕布、战袁绍、定乌桓，为曹操统一北方做出了重要贡献。他在朝的二十多年里，能够从容自如地处理政治旋涡中各种复杂的关系，在当时纷乱的人事纠葛中始终立于不败之地，他之所以能够这样，关键在于他能甘于淡泊，并且保持缄默。曹操有一段话特别好地概括了荀攸的特性："公达外愚内智，外怯内勇，外弱内强，不成善，无施劳，智可及，愚不可及。虽颜子、宁武不能过也。"

荀攸是个懂得注意周围环境的人，对内对外，对敌对己，态度与方法都不一样。参与军机，他智慧过人，总能想出绝妙的对策；迎战敌军，他奋勇当先，不屈不挠。但是在面对曹操与同僚的时候，他从来不去争高下，总是表现得非常谦卑、文弱、愚钝与怯懦。

一天，荀攸的姑表兄弟辛韬问及他当年为曹操谋取袁绍冀州的情况，他极力否认自己参与过此事，并说自己什么都没有做过。荀攸曾为曹操"前后凡划奇策十二"，史家称赞他是"张良、陈平第二"，但是他对自己的这些成就都是守口如瓶，讳莫如深，从来不跟他人说起。荀攸在曹操身边与他共处二十年，关系一直非常融洽，并且深受宠信，从来没人跟曹操说荀攸的坏话，他自己也从没得罪过曹操，惹曹操不高兴。建安十九年，荀攸在征途中善终去世，曹操得知这一消息后痛哭流涕，说："孤与荀公达周游二十余年，无毫毛可非者。"很少称赞人的曹操赞誉他为谦虚的君子和完美的贤人。

荀攸的这种应变策略，初看上去好像比较消极，但是它并不是委曲求全，低三下四做人，而是通过少招惹是非，少找麻烦的方式更好地展现自己的才华，发挥自己的特长。同时，对于一些谋士来说，运用这种策略可以保全自己的性命，而且还可以求得一个好结局。

在日常生活中，很多人都做不到这一点。有些人在公司里面得到老板的赏识，没几天就不知道自己是谁了。其实，你还是你自己，可能在某一时间段内受到了领导的重用，但是你毕竟不是老板，也不一定总会受到重视。

有些人得势之后就不知道自己姓什么叫什么了，总是盛气凌人，一时风光就把自己看做跟老板一样，这样的人往往得意不了多久。

第二次世界大战时期著名将军麦克阿瑟狂热地鼓吹扩大战争，自行其是，完全无视参谋长联席会议和总统的权威，总是在世界舆论面前陷美国政府于被动。杜鲁门本来就已经无法再忍耐他，再加上他指挥的军队在朝鲜战场上一败涂地，所以最终解除了麦克阿瑟的职务。一个威名远扬的传奇将军，最后就这样黯然离场，给人们留下了无尽的欷歔与思索。

正所谓："花无百日好，人无百年盛。"确实，我们都应该学会宠辱不惊，这样才会不伤元气。在得意的时候将自己放低一些，失利时学会正视现实。在得意与失意的时候都不温不火，暗自积蓄力量，总有一天会发挥自己的能力，成就自己的人生。

汉代官员张良就很懂得这方面的道理。在张良功成名就时，汉高祖让他择齐地3万户为封邑。那个时候的汉朝，连年经受战争，导致人口锐减，粮食奇缺。齐地向来物产富饶，对于刚刚立国不久、并且困难重重的汉朝来说，齐地的3万户是个极为丰厚的食禄。但是张良却婉言谢绝了刘邦的厚赐，重新选择了个万户左右的留县，受封为"留侯"。张良这种不看重金钱，行"避招风雨"术，明哲保身的用心可谓良苦。

一个人得意的时候，总是会收获许多鲜花、掌声、微笑与讨好，即使你脾气暴躁，手下大多也会忍气吞声，不敢跟你发生正面冲突。所以，有的人就在得意时忘乎所以，以为天下都是我的了，变得愈发肆无忌惮，看似威风凛凛不可一世。

这种张狂的人，结果总不是太好。这种飞扬跋扈在别人心中积攒的仇恨，总有一天会爆发，导致这个人的失败。

恃才傲物并不好，当你获得一定的成绩时，记得要感谢他人，学会与人分享，并且尽量谦卑一些，这就好比给他人吃了一颗定心丸。如果你习惯飞扬跋扈，总是瞧不起别人，那么总有一天你会后悔。对别人大度一些，总好过冷冰冰地高高在上更有助于解决问题。对他人大度一些，其实也是一种低调做人的态度，这种态度会使人感激你，并且很难忘记。

能使我们受益终生的是谦逊的美德，懂得谦逊的人同时也是懂得积蓄力量的人。一个谦逊的人总是能够给人留下好印象，这样的印象恰好能够使一个人在生活与工作中不断积累经验与能力，最后获得成功。所以，即使你名声再大，成就再显著，身份地位再高，也不能目中无人，还是应该谨言慎行，尽量低调。要知道，盲目地骄傲自负，与种种不切实际地固执己见，都注定会以失败告终，这是世间的必然现象。